不急躁，让人生逆流而上

尚国芬 ▶ 著

当代中国出版社
Contemporary China Publishing House

2020年·北京

图书在版编目(CIP)数据

不急躁，让人生逆流而上 / 尚国芬著 . -- 北京：当代中国出版社，2020.10
ISBN 978-7-5154-1030-2

Ⅰ.①不… Ⅱ.①尚… Ⅲ.①人生哲学—通俗读物 Ⅳ.① B821-49

中国版本图书馆 CIP 数据核字（2020）第 076405 号

出 版 人	曹宏举
责任编辑	陈　莎　周显亮
策划支持	华夏智库·张　杰
责任校对	康　莹
出版统筹	周海霞
封面设计	回归线视觉传达
出版发行	当代中国出版社
地　　址	北京市地安门西大街旌勇里 8 号
网　　址	http://www.ddzg.net　邮箱：ddzgcbs@sina.com
邮政编码	100009
编 辑 部	（010）66572264　66572154　66572132　66572180
市 场 部	（010）66572281　66572161　66572157　83221785
印　　刷	三河市长城印刷有限公司
开　　本	710 毫米 ×1000 毫米　1/16
印　　张	12.5 印张　166 千字
版　　次	2020 年 10 月第 1 版
印　　次	2020 年 10 月第 1 次印刷
定　　价	48.00 元

版权所有，翻版必究；如有印装质量问题，请拨打（010）66572159 转出版部。

前言

　　你上学的时候学习成绩很好，为何毕业若干年后却发现自己已经落入班级"后进生"之列呢？在工作上，你一直勤勤恳恳、兢兢业业，却为何总是在与同事的竞争中败下阵来，导致升职加薪都与你无缘呢？甚至在人生道路上，看着身边那些匆匆过客，你也会产生深深的挫败感，觉得自己的人生一无是处，这又是为什么呢？归根结底，不是你学历不够高，能力不够强，更不是你运气不够好，而是因为你的体内充满惰性因子，缺乏折腾的精神，所以才导致自己变得慵懒懈怠，人生也始终一成不变。

　　人生绝不是转瞬即逝的瞬间，而是漫长的旅途。当然，这场旅途与众不同，如果说其他旅途都是有目的的，都是想要到达某个地方，也有可以预知的终点，那么人生这个旅途则没有。人生的终点受到很多因素制约，既不是心向往之就能达到，也不是阻力重重就无法到达。只有真正的人生强者，在人生的道路上始终坚持不懈，勇往直前，哪怕遭遇再多的坎坷挫折也决不轻易放弃努力，才能"守得云开见月明"，"柳暗花明又一村"。命运总是很顽皮，有的时候会猝不及防地给我们以沉重打击，有的时候也会悄无声息地给我们额外的惊喜。既然不知道命运之舟最终会载着我们到达何处，就不要再因为未知的终点而倍感沉重和纠结，我们最应该做的就是不断去努力。

　　也有人说，人生最重要的是过程，而不是目的。就像一场旅程，重要的是在旅途中游山玩水，观赏美景，而不是到达目的地，导致中间的过程一片空白。人生也是如此，不要等到年华逝去，白发苍苍，再去后悔自己一生从来不曾努力和奋斗，因为生命无法倒流，没有人有机会可以再活一次。对于你此时此刻正在经历的人和事，与其抱怨，不如感恩，也许会有不一样的发现和成长。

有人说自己人生最大的理想就是岁月静好，却不知道生活如同逆水行舟，不进则退。即使想要保持位置的相对固定，我们也要以生活河流的速度逆向前进，这样才能让进步与后退抵消，保持相对静止。反之，如果我们身处逆流，而始终不愿意激发自己的力量努力向前，那么最终的结果就是被河流裹挟着不断后退，导致最后不知所踪。

大多数人都知道命运掌握在自己手里，也知道要为了主宰命运而不懈努力，但是在真正做的时候，却常常懈怠、慵懒，似乎根本不想主动去改变命运。还有些人怀着侥幸心理，觉得自己一定会有好运气，得到命运的青睐，即使不努力也能获得成功。不得不说，这样的想法是完全错误的，也会因为一时的放弃而彻底失去对于生命的主宰权利。

生命不息，折腾不止。折腾，恰恰是对梦想的最大尊重，也是实现梦想的唯一途径。对于世界上的每一件事情，如果一味地陷入空想而无法下定决心认真去做，就会导致所有美好的想法都变成虚无。还有些人有好想法，也的确努力了，却在通往成功的道路上遭遇了太多的坎坷与磨难，最终因为意志力薄弱而迷失自我。不得不说，这样的人生是悲哀的。所谓"行百里者半九十"，这告诉我们，在人生的道路上，越是接近成功道路就越艰难，我们就越要认真对待。要想成功，除了要有明确的目标和理想之外，还要制订切实可行的计划，更要全力保证计划的执行。只有把计划落实下来，才能有更多的机会成功。

还有些人之所以总是与失败结缘，是因为他们过于未雨绸缪，也就变成了杞人忧天。从本质上而言，未雨绸缪与杞人忧天之间只有细微的差别，都是在事情还没有真正发生之前去思考和准备应对之策。未雨绸缪是适度准备，是对做好事情有益的，而杞人忧天则会导致人们陷入过度忧虑无法自拔，甚至因此完全放弃此前的计划。正所谓凡事皆有度，过犹则不及，过度的准备和担忧，导致人们在没有真正展开行动之前就为了避免失败而放弃努力，却不知道这样的放弃导致人们连失败的机会和可能都没有了。退一步，即使真的失败，也能得到经验和教训，远远比无所作为更好。另外，从事情发展的角度而言，每件事情的发展都有两个趋势，一个是变得更好，另一个是变得更坏，这告诉我们变好和变坏的概率都是50%，既然如此，我们可以因为50%失败的可能而放弃，那么为什么就不能因为50%成功的可能而坚持呢？此外需要注意的是，在推动事物不断向前发展的过程中，也许会有更好的契机和办法解决问题，也可以争取到更好的结果。正如人们常说的，既然哭着也是一天，笑着也是一天，那么我们为何不笑着度过人生的每一天呢？同样的道理，既然放弃也是终结，而坚持有可能终结，也有可能朝着好的方向发展，那么我们为何不能在做好接受最坏结果的基础上全力以赴奔向成功的圆满结果呢？这是每个人在人生中都要慎重对待的选择。

　　如果你觉得自己现在的生活太过安逸，让你既看不到希望，也看不到阳光，那么就赶快折腾起来吧！如果你觉得实现梦想遥遥无期，对于人生也充满迷茫，那么就赶快折腾起来吧，这样至少可以打破一潭死水，激起充满生机的涟漪。命运对于每个人都不会风平浪静，既然如此，就让我们鼓起勇气，在生命的历程中风雨兼程，砥砺前行！

目录

一、拥有梦想的永动机，你才能在人生路上越走越远

仅仅很棒，还远远不够 / 2

你需要为人生树立一根标杆 / 4

勇往直前，决不退缩 / 7

梦想，注定要独特而拉风 / 9

梦想也需要脚踏实地 / 12

奔向梦想，人人都是独行侠 / 14

努力奔跑，就像一定能成功一样 / 16

二、学会对自己狠一点儿，哪怕再狠一点儿也无妨

敢进场的人，才有可能赢 / 20

真的勇士，敢于直面内心的恐惧 / 22

以行动作为思考的先驱 / 25

面对竞争，你到底怕什么 / 28

站在巨人的肩膀上，才能看得更远 / 30

积累每天的一个小时，你就会不同 / 33

三、人生不如意事十之八九，不放弃才能获得成功

不放弃自己，才能拥有世界 / 38

愚公移山，贵在坚持 / 40

不惧坎坷泥泞，风雨前行 / 42

困难，是成功者的垫脚石 / 44

挫折，不是永远的失败 / 46

不放弃，才能拥有更多机会 / 48

厄运到来，并不意味着人生彻底沉沦 / 51

四、实现梦想的道路上，没有人能替代你

不急躁，从容渡过困境 / 56

把抱怨的时间都用来努力 / 58

生命需要接纳不完美 / 61

成为生命的匠人 / 64

坚持初心，不因名利而迷失 / 66

激发人生的潜能，让自己无所不能 / 69

拥有魅力口才，才能口吐莲花 / 71

拼尽全力，打造人生长板 / 74

五、坚决铲除坏习惯，努力养成好习惯

不拖延，让人生事半功倍 / 80

不焦虑，期待人生如花绽放 / 83

不混乱，管理好时间 / 86

不懒惰，以勤奋弥补不足 / 89

不怯懦，以勇敢赢得更多机会 / 92

不盲目，以计划让人生按部就班 / 94

不恐惧，以坚强战胜内心的不安 / 97

六、不能改变世界，就要改变自己

生命从不完美，你要始终淡然 / 102

即使一无所有，也要拥有勇气 / 104

驱散阴霾，让人生充满快乐 / 108

悦纳自己，悦纳世界 / 110

真正强大的人，敢于勇往直前 / 113

不能改变环境，就改变心境 / 114

降低欲望，主宰人生 / 118

人生不设限，才能精彩无限 / 121

七、成为心理战的狠角色，以强大内心征服他人

韬光养晦，才能蛟龙出水 / 126

自以为聪明的人很危险 / 128

竞争中并不经常需要绅士风度 / 130

让实力与价值为自己代言 / 133

为自己准备更多的底牌 / 135

梦想，从不青睐怯懦的人 / 138

打破思维定式，出其不意取胜 / 140

面对危机，你要学习刺猬 / 143

越是形势好，越要慎重出招 / 145

八、拓展人脉关系，没有人能成为特立独行的英雄

发挥影响力，打造强力磁场 / 148

寻找机会，结识生命中的贵人 / 151

抓住机会，让自己成为"中心" / 154

放下猜忌，拥有一辈子的朋友 / 157

成人之美，舍弃才能得到 / 160

九、人在职场，既要杀鸡，也要有"牛刀"

把工作当成事业来做 / 166

对待工作，你要有理想 / 169

人在职场，谁不曾摸爬滚打 / 172

对工作认真，也是对人生认真 / 174

一生太短，只够做好一件事 / 178

职场如战场，要用牛刀杀鸡 / 180

职场之轻是生命不能承受之重 / 182

让自己成为职场上不可替代的人 / 185

后　记 / 187

一、拥有梦想的永动机，
你才能在人生路上越走越远

常言道，生命不息，折腾不止。实际上对于一个人而言，唯有拥有梦想的指引，才能坚持不懈，勇敢向前。否则，就像船只在海洋上失去方向，只会随波逐流，最终不知所踪。不可否认，人生不如意十之八九，每个人在人生的道路上都会遇到各种坎坷挫折，要想战胜困难，一往无前，必须扬起梦想的风帆。

仅仅很棒，还远远不够

现实生活中，很多人都自我感觉良好，觉得自己非常优秀，甚至为此沾沾自喜。实际上，现代社会竞争异常激烈，每个人要想更好地生存，只相信自己很棒是远远不够的，还要努力为自己制定明确的目标，并且始终心怀目标，努力上进，力争让一切事情朝着自己预想的方向去发展，才能事半功倍。

在很多销售团队里，销售队员们自我激励的方式就是，每天早晨开晨会，晚上开夕会，每个会议上都自我激励："我是最棒的！我是最棒的！！我是最棒的！！！"这样一来，他们不但在心里相信自己是最棒的，而且在精神上也会充满自信，能够以最好的状态面对工作和生活，也会拼尽全力去提高自己的效率，完成自己的梦想。

每个人都需要积极的心理暗示，很多时候，消极的心理暗示只会让人陷入被动的状态，导致人们变得心力交瘁，在遇到很多问题时也会情不自禁想要放弃。因此，我们要学会给予自己积极的心理暗示，从而让自己更加出类拔萃，人生也因为充实精彩而有不同的呈现。

有心理学家研究证实，每个人的先天条件其实相差无几，之所以有的人能够获得成功，有的人总是与失败为伍，就是因为他们对待失败的态度截然不同。大多数成功者总是能够鼓起勇气面对人生的坎坷和挫折，有着越挫越勇的勇气。而大多数失败者甚至根本不愿意去调整自己的心态，完善自己。在这种情况下，他们当然会给予自己消极的心理暗示，也导致在做很多事情之前就不停地否定自己，甚至还没有尝试就放弃。

自信是人生的风帆，仅仅相信自己很棒还远远不够，更重要的在于要相信自己能够获得成功，能够以优秀的行为表现获得最佳的展现，才是最优秀的。所以我们一定要给自己积极的心理暗示，才能最大限度地激发自身的潜能，从而让自己拼尽全力，勇往直前。当然，自信的前提是客观认识自己，能够接纳自己的缺点，做到扬长避短、取长补短。因此，当遇到困难的时候，与其不断退缩，不如狠狠逼自己一把，让一切都变得不同。

作为大名鼎鼎的香港影星，成龙出演了很多优秀的电影，名震好莱坞。为此，很多演员都想拜成龙为师，希望从成龙的身上学习到更多的演艺之道，也掌握更多的演出技巧。但是，成龙并不轻易收弟子，由此拒绝了很多人。有一次，成龙收了一个女徒弟。那么，这个女徒弟是如何打动成龙的呢？

原来，在片场休息的时候，诸多演员因为很疲惫，全都无精打采地坐在一旁休息。唯独这个女演员，尽管很累，却依然朝气蓬勃，看起来精力充沛的样子。这马上就吸引了成龙的关注。也正是因为得到成龙的欣赏和认可，这个女孩才顺理成章地成为成龙的弟子，得到成龙的指点。

一个人呈现的状态，使他或淹没于人群之中，或鹤立鸡群。要想让自己变得与众不同，我们就要吸引他人的关注，不但气定神闲，充满热情和活力，还要每时每刻都告诉自己"我是最棒的"，这样才能呈现出最佳的状态，成功吸引他人的注意力。

当一个人坚持告诉自己"我是最棒的"，一切就会变得不一样。带着这样的心态去为人处世，去对待工作，必然能够始终保持积极的心态，也可以成功地突破自我，成就自我，展示自我，证明自我。除此之外，还要时刻保持激情，怀有赤子之心。在如今的职场上，很多老员工对于工作都消极怠工，总是提不起热情和兴致。这直接导致他们在工作中毫无进步。要想改变现状，最重要的是激发自身的热情，唤醒自身的动力，勇往直前。每个人要想拥有梦寐以求的生活，要想在工作中出类拔萃，就必须打起精神应付这一切，也要友好地与身边的人相处。所谓天时地利人和，人人都要具备各个方面的条件，才能更加顺利地走向成功。

朋友们，记住了吗？仅仅很棒还远远不够，还要坚持"我真的很棒"的心态，才能让生命充满源源不断的动力，才能让一切都顺心如意地不断向前发展。

你需要为人生树立一根标杆

你的人生需要一根标杆，唯有在标杆的指引下，你才能最大限度地激发自身的动力，让自己勇往直前地奔向目标。相反，很多人尽管为自己制定了远大的目标，却始终不能实现，甚至还因为目标遥不可及而颓然放弃。不得不说，这样的人生是失败的，也注定一事无成。

人的目标分为三种，分别是：长期目标、中期目标和近期目标。对于每个人而言，固然需要长期目标，但是也需要中期目标，更需要近期目标。这是因为当目标过于遥不可及，就无法对人起到切实有效的激励作用。因而在制定长期目标之后，人们接下来就需要根据长期目标制定短期目标，这样才能以短期目标为近期内的指引，从而卓有成效地改变现实和未来。除了短期目标之外，为了起到更大的激励作用，还需要为自己树立一根标杆。很多人都有跳高的经历，那么一定知道跳高的规则：先把标杆放低一些，让跳高者能够跳过去。然后，每一次都抬高目标，从而让跳高者不断锻炼弹跳能力，才能一次又一次超越标杆，直到最后跳不过去的高度，也就成了跳高者下一次要征服的目标。长此以往，跳高者的水平越来越高，一次次打破原先的纪录。

人们常说，眼界有多高，人生就有多高。这也告诉我们，一个人如果以不如自己的人为目标，只会让自身发展停滞，甚至出现退步的情况。反之，一个人如果以比自己强的人为目标，就能够坚持进步，不断超越和成就自己。

由此可见，为自己树立最佳的目标，所产生的激励作用是正面的、积极的。有的时候，这个目标会像磁石一样，不断地吸引人进步，持续地激励人成长。

大名鼎鼎的哈佛大学为了研究人生目标和人生成就之间的关系，专门针对人生目标进行调查，又在长时间里对实验对象进行观察。调查结果显示：在刚毕业的大学生中，拥有明确的长期人生目标的人，只占3%；拥有短期的清晰人生目标的人，占到10%；人生目标模糊的人，占到60%；毫无目标，任由人生之舟四处飘荡的人，占到27%。

在长达25年的时间里，哈佛大学的研究人员始终对这些调查对象进行追踪。结果发现，没有目标的人怨声载道，一事无成；拥有模糊目标的人，生活平淡无奇，算得上是安稳美好，却没有什么伟大的成就，始终处于社会中下层；拥有短期目标的人，大多数进入社会中上层生活，成为各个社会领域的专业人才；只有拥有明确的长期人生目标的人，才成为社会的佼佼者，成为不折不扣的经营型人才，做出了伟大的成就。

哈佛大学的研究事例不难证实，目标对人的发展至关重要，一个人如果拥有明确的长期目标作为人生的指引，也能够为自己树立具体的榜样，则进步就会更加迅速。对于每个人而言，过去的经历已经不那么重要，唯有最大限度地发展自身的能力，成就自身的未来，才是最重要的。一切向前看，让人对于人生充满希望，满怀憧憬，如果总是揪着过去的事情不放，导致人生总是陷入困顿无法自拔，就会导致成长受到局限，根本无法卓有成效地面对人生。

有一家养老院出现一个奇怪的现象，每到节假日等特殊的日子，死亡率就会大大降低。一开始，人们不知道节假日和死亡率之间有什么必然的联系，心理学家经过研究才发现，原来那些求生意志薄弱的老人，往往会给自己设定一个目标，那就是度过某一个节日。然而，这也由此生发出另一种奇怪的现象，那就是当这些老人度过预先计划的特殊日子之后，心理马上松懈下来，意志力薄弱，导致求生意志全无，也因此使得死亡率攀升。不得不说，目标的力量真的非常强大，甚至可以控制人的生命。

有一种神奇的现象，那就是很多时候，有些人的生命明明已经走到尽头，奄奄一息，但是因为渴望着见到最亲近的人一面，也就是人们常说的还有心愿没有完成，他们会以意志力延长生命，直到等来想见的人，完成心愿。

同样的道理，在制定目标的时候，一定要根据自身的实际情况恰到好处地去制定。否则，目标过高或者过低，都无法起到积极有效的激励作用。从心理学的角度而言，一个人目标的树立，往往会影响到他们对于人生的完成情况。过低的目标会局限人的内心，让人生的发展由此被冻结；过高的目标会让人再怎么努力也无法实现，无形中就打击人们的积极性，导致人们面对人生的困顿感到沮丧绝望。因而一个人在给自己设定目标时，要从自身的实际情况出发，最大限度地起到激发人生动力的作用。尤其是在人生中感到迷惘和困惑的时候，就更应该以目标澄清自己的视界，从而让人生更加努力，追求卓越。

 勇往直前，决不退缩

很多人做事情，到底失败在哪里呢？

有些人在还没有切实开始做某件事情的时候，就因为惧怕失败而彻底放弃；有些人做事情达到一定程度的时候，明明已经胜利在望，却只看到失望，为此感到绝望，只能退缩；有些人不管结果如何，他们能够始终勇往直前，决不退缩，在人生的道路上坚持不懈，无所畏惧，最终战胜内心的胆怯，超越看似无法逾越的困境，最终获得成功。

不可否认的是，每个人在奔向成功的过程中，总是会遇到各种各样的挫折，也会面临形形色色的挑战。只有真正的强者才能超越人生困境，才能最大限度地获得成功。否则，就只会导致人生困顿，也会使人生陷入无法自拔的困境，总是与失败纠缠。

做人做事，有的时候是需要勇往直前的精神，唯有坚定不移朝着目标前进，人生才能不断超越，持续成功，也才能最终收获幸福和美好。很多事情，仅从表面看起来已经要失败，但是当你坚持去做，努力到最后一刻，也许就会柳暗花明。

很多人喜欢看好莱坞大片，那些主人公也许没有天赋异禀，也许没有出类拔萃的能力，但是他们始终能够最大限度地激发自身的能量，即使面对看似绝境的困境也决不放弃，而是能够咬紧牙关坚持到最后一刻！所以他们成功了。

莎莉·拉斐尔是美国传媒界的传奇，她总是能够给电台和电视台带来巨大的价值和利益，也因此所有电台和电视台都希望得到她的青睐。然而，大家不知道的是，在没有成名之前，莎莉·拉斐尔的主持风格并不被认可，而且她还有过18次被辞退的经历。那些辞退她的电台各有各的理由，有的电台嫌弃她是一名女性主持人，有的电台觉得她的主持风格不佳，还有的电台说她根本不知道什么叫主持，也有的电台觉得她太过迂腐落后，无法紧跟时代的脚步。这些辞退的理由就像针一样扎在她的心里，但是她始终没有放弃努力。

最终，有一家电台决定聘用她，给了她一个政治主题的节目。为了生存，也为了心爱的主持事业，她经过了漫长的学习和准备，终于正式开播。正是这档政治节目，加上她平易近人的主持风格，终于成为民众热衷和追捧的节目。

对于莎莉·拉斐尔而言，曾经有过18次被辞退的经历，并不使人愉快。然而，正是这样的经历，让她不断成长，让她相信唯有坚持和努力，才能彻底地改变命运。没有人的人生会是一帆风顺的，每个人唯有最大限度地战胜命运，扼紧命运的咽喉，才能真正以生命的力量改变命运，战胜命运。

如果一定要说成功是有捷径的，那就是坚持。在这个世界上，每时每刻都有奇迹在发生，区别就在于奇迹是发生在你的身上还是发生在别人身上。只要努力和坚持，凡事皆有可能。唯有如此，我们才能最大限度地改变命运。记住，一切理由和借口，都是你给自己的退缩找的台阶，当你把自己逼上"悬崖"，一切不可能都会成为可能。任何事情，只有坚持不懈才能获得成功，一切的成长都是要踩着失败的阶梯砥砺前行。人之所以总是失败，是因为他们在有了想法之后无法卓有成效地实现。记住，成功的路从来都是蜿蜒曲折、坎坷不平的。要想成功，哪怕山再高，路再远，都不要刻意逃避，更不要盲目退缩。

真正的人生强者，在做事情之前固然会未雨绸缪，但是在决定做一件事情，就会坚持不懈，砥砺前行，决不畏缩和退却。很多人做事情之所以总是拖泥带水，以拖延作为逃避的障眼法，就是因为他们内心犹豫不定，只为了当下的舒适安逸就放弃努力。不得不说，人的本能是逃避和胆怯，要想成功，一个人必须坚定不移地努力，马上采取行动，才能断绝自己的退路，也让自己在不断坚持奋进的过程中失去畏缩的机会。尤其是很多千载难逢的好机会都是转瞬即逝的，要想把握机会，就更要勇往直前，马上付诸努力去做，这样才能事半功倍。

梦想，注定要独特而拉风

现代社会对以往的改变很多，如果说是什么给人们的生活方式带来巨大的改变，那就是购物方式。在大多数喜欢网购的年轻人、中年人甚至老年人中，还有谁不知道马云的鼎鼎大名呢？从创办中国黄页到创办阿里巴巴，再到如今的风生水起，马云走过了漫长的梦想之路，有过失败的惨痛，有过成功的喜悦，也有过坚持的成就。马云说过，梦想还是要有的，万一实现了呢？看起来，这句话是对实现梦想的调侃，实际上恰恰表现出马云的自信和勇气。很多年轻人也正是因为受到这句话的鼓励，在实现梦想的道路上始终勇敢向前，决不退缩。

不急躁，让人生逆流而上

马云最喜欢看金庸的武侠小说，而且把金庸的每一部作品都翻来覆去地看了好几遍。曾经，马云最大的梦想就是成为像金庸笔下的武林高手，能够化腐朽为神奇，拥有让人瞠目结舌的力量。然而，武侠小说毕竟是武侠小说，建立在幻想基础上的武侠小说尽管能满足很多人幻想之中的梦想，却无法真正实现人们现实生活中的梦想。所以我们尽管可以欣赏和沉迷于武侠小说，也可以以各种方式让自己的思维天马行空，在现实生活中，依然要非常努力，才能最大限度地实现那些切实可行的梦想，也让自己拥有更多的信心和勇气朝着梦想不断前行。

尽管理想是丰满的，现实是残酷的，归根结底，人还是应该有一些拉风的梦想，从而给现实以指引，给人生别样的力量和希望。从本质上而言，真正的梦想就是看起来遥不可及，就是突破传统的禁锢标新立异，就是无法轻易实现。这正是梦想的魅力，每个人看似现实、脚踏实地，却都需要不可能的梦想来指引人生的方向，给人生提供源源不断的动力。还记得曹操《望梅止渴》的故事吗？

在故事中，曹操带领大军在三伏天急行军，正当所有人都觉得筋疲力尽、口渴难耐的时候，曹操对众人说："前面有一大片梅林，只要走过这个山丘就能到达。"曹操当然知道梅林根本不存在，但是他却给全体将士画饼充饥，从而激励每一位将士看到希望，因而鼓起勇气、集中全身的力量勇往直前。作为个人，我们也需要给自己画饼充饥、望梅止渴，从而让自己在人生的道路上砥砺前行，内心始终燃烧着希望的光。

很多人喜欢周杰伦，是从他的《双节棍》开始。其实，即使在喜欢周杰伦的人中，也有很多人在不比照歌词的情况下，根本没有听懂歌词的内容，那么人们为何喜欢他呢？因为他的歌词天马行空，他音乐的节奏桀骜不驯，他个人的风格独特鲜明。一言以蔽之，他的音乐不是为了取悦大众而生，而是为了标明自己。正是因为自己的坚持，华语乐坛的流行方向因为他而受到了影响。他既得到人们的褒奖，也得到人们的诋毁，但是无论如何，他始终保持着自己的音乐风格，从来不因任何人而改变。

周杰伦认为，每个人都要活出自己想要的样子，而不是一定要符合众人的评判标准。周杰伦想和很多人不一样，也愿意这样与众不同。他的音乐不但内容创新，形式上也与众不同，让每一个看到和听到的人都觉得耳目一新。周杰伦的想象力是很丰富的，所以他才能出其不意，攻其不备，以特立独行俘获那么多的粉丝。

对于每个人的人生而言，最大的财富不是拥有多少金钱与物质，也不是多么循规蹈矩，而是要有拉风的梦想，要拥有特立独行、天马行空的想象力。正是这些独特的品质和风格，才让我们从平凡走向伟大，让我们从平庸走向杰出。

现实生活中，有很多人都抱怨自己的人生平淡无奇，枯燥乏味，都觉得自己每一天都在混吃等死，浑浑噩噩。实际上，这样的人生局面不是任何客观外在的条件或者任何人与事情造成的，而是因为没有积极主动地改变自己，没有独特的梦想作为指引和提供动力造成的。

每一个人的改变都要从自身开始，唯有异想，才能天开。趁着还年轻，趁着人生的未来还未到来，我们唯有拼尽全力去想象，不遗余力去努力，才能始终把握人生的方向，才能敢想敢干，切实有效地改变未来，创造奇迹。我们要成为挖掘者，能够挖掘出自己身上的潜力，也能够最大限度地改变未来和命运。也许我们会失败，因为凡事都有风险，但是我们不能畏缩，更不能因为生命的局限就折断自己的翅膀。任何时候，青春都要美丽独特且张扬。一个人可以平凡，却不能平庸，人生可以平凡，梦想必须与众不同。你知道吗？在你的心里，有一个独一无二的自己正等着你去发现呢！不要辜负自己特立独行的潜质，活出自己的精彩吧！

梦想也需要脚踏实地

前文说过,梦想需要天马行空,最好能够特立独行,这里也要说,梦想尽管需要高度,同样也需要脚踏实地,才能最大限度地实现梦想。范仲淹曾说要先天下之忧而忧,后天下之乐而乐。不得不说,范仲淹是心怀天大、胸怀大志的,但是未必每个人都会像范仲淹一样有如此心胸。梦想再远大,最终也要落实到实际行动中,就像再美好浪漫的爱情,也最终要落实到实实在在的柴米油盐酱醋茶上一样。

每个人都生活在时代的大背景之中,每个人的自身发展和成长都与时代密切相关。因此,每个人在设立梦想的时候既要从自身情况出发,也要从时代背景的角度进行全方位考虑,这样才能让梦想既符合个人的期望,也符合时代的大潮流。好的梦想必须接地气,这样才能顺应时代潮流赢得更好的发展,否则逆势而动,必然会陷入人生的困境。

如今,互联网已经彻底颠覆了人们的消费理念和购物模式,甚至对人们的生活方式也产生了巨大的影响。作为美国的一名农场主,皮特专门种植各种各样的水果,其中以车厘子为主打水果。在这种情况下,皮特非常重视中国市场。众所周知,车厘子的保鲜期非常短暂,如果不能及时销售出去,就会出现腐烂等现象,使得车厘子的价值大打折扣。为此,中国市场的空缺让皮特看到了千载难逢的好机会,他马上就有了一个大胆的梦想,那就是让中国人也可以吃到他亲手种植的鲜美的车厘子。然而,如何打开销售渠道呢？

终于，皮特通过参加天猫美国的预售活动，拿到了大量的订单。这样一来，车厘子采下枝头之后，就能快递给远在中国的客户，从而保证客户吃到最新鲜的隔着半个地球的车厘子。网络的力量是强大的，天猫预售让皮特拿到五六万个车厘子订单，解决了他车厘子滞销的问题。

每一个梦想既要高远，也要脚踏实地，具有现实意义，这样才能既有高度，又有实现的可能，成为真正指引人生行动的有效手段。梦想越是脚踏实地，实现的可能性就越大。马云以"让天下没有难做的生意"为自己的梦想，如今，他已经实现了梦想，无数人在天猫、淘宝拥有自己的线上店铺，只需要花费很少的本钱就可以让自己从打工仔晋升为老板，从而通过努力奋斗改变命运，成就人生。

在现代社会，有很多年轻人都想凭借自己的努力去完成梦想，却常常发现当梦想进行到一半时，就举步维艰。实际上，一个人即使能力再强，也不可能仅凭一己之力就实现梦想，最重要的在于团结协作，学会借力，最大限度地激发自身的潜能和力量，让自己坚持不懈，勇往直前。

奔向梦想，人人都是独行侠

每个人要想实现梦想，既需要他人的指引和帮助，更需要独自前行，享受孤独的梦想之旅。很多人都羡慕他人的成功，被他人的荣耀和光环所吸引，却不知道他人在获得成功之前，曾经流过多少汗，吃过多少苦，又曾经多少次在人生的拐弯处徘徊不定。只有真正奔向成功的人，只有真正能够实现梦想的人，才知道在通往梦想的道路上，从来不是摩肩接踵的。在通往梦想的过程中，我们得到的未必是鲜花和掌声，而有可能是嘲笑和质疑。然而，有谁的梦想不孤独呢？不要因为梦想孤独就放弃，只有耐得住寂寞的人，才能等来人生的繁花似锦。

现实生活中，有些人从谏如流，有些人固执己见，不愿意因为别人而改变自己。不得不说，从谏如流有从谏如流的好处，固执己见也有固执己见的好处。人人都既要坚守自己的内心，也要从容改变自己的内心，这样才能最大限度地完成心愿。在人潮汹涌的街道上，大多数人都会感受到人群的温度和躁动，也有少数人置身于人群反而倍感孤独。尤其是在奔向最终的人生目标时，人们更是会因为众人的背离感到孤独。然而，每个人的梦想都是自己的，其他人没有义务和你一起实现梦想。

马云最初创业的项目是中国黄页。在创业之初，国内没有人知道互联网为何物，也没有人相信互联网上人与人之间不见面还能做生意。为了给生意做铺垫，马云不得不开始宣传互联网，向人们讲述互联网知识。然而，马云遭到了很多人的质疑，还有人尽管相信马云，却不愿意和马云一样实现伟大的志向。包括亲朋好友在内，也基本没人看好马云的项目，基本没人愿意支持马云。就这样，马云逢人就讲互联网，不分时间与场合，抓住一切机会推销互联网。最终，马云签订了第一笔互联网订单，这就是中国黄页的第一笔订单。

后来，马云想出一个好办法，即通过摄像机镜头来证明互联网的存在。尽管每一笔互联网订单依然艰难，但是马云始终满怀热情，最终成就了今天的阿里巴巴。

在这个世界上，第一个吃螃蟹的人一定会倍感孤独，因为没有人相信螃蟹好吃，更没有人相信有些事情能够成功。这就注定了梦想的诞生一定是一条孤独之路，而作为梦想的拥有者，也必须坚持不懈，勇往直前，才能最终成就自我。

现实生活中，总有人和马云一样，觉得自己是个独行侠，所有想法都不为他人理解，所有做法也都得不到他人的认可和尊重。实际上，这是人生的常态，否则当你的梦想道路上挤满了人，你还有什么机会去真正实现自己的未来和理想呢？作为独一无二的人，作为特立独行的人，注定在实现梦想的道路上孤独，却也依然要满怀勇气砥砺前行。

在非洲的戈壁滩上，有一种叫作"神奇的四色依米"的花。这种花之所以被称为神奇的花，是因为它有四种颜色，分别是红、黄、蓝、白，花朵开放的时候，每朵花瓣的颜色各不相同。最重要的是，"四色依米"开花需要漫长的时间。通常情况下，"四色依米"要经过 5 年的时间积蓄力量，在长达 5 年的时间里，它看起来都平淡无奇，直到第 6 年它才绚烂绽放，却花期短暂。不得不说，在真正实现梦想之前，我们的人生也如同这"四色依米"一样毫不起眼。唯有不断地坚持和努力，唯有持之以恒地积累，最终才能迎来梦想的绽放，也才能得到绚烂的人生。所以，朋友们不要再因为实现梦想的道路太过孤独，就怀疑梦想，否定梦想。归根结底，我们只有在梦想的道路上砥砺前行，才能不断地超越和实现自己。在日常生活中，人们常说患难见真情，实际上在人生的道路上，也要在坚持的最后时刻才能一决胜负。

记住，你的努力都会得到命运的馈赠，关键在于你要用心认真地去等待，而不要轻易放弃。坚持到最后就是胜利，很多时候成功就在转角处。

努力奔跑，就像一定能成功一样

在所有努力没有真正开花结果之前，没有人知道努力的结果将会如何。因为结果的不确定性，很多人就会放弃努力，甚至与失败纠缠，再也无法突破和超越自我。不得不说，这样的迟疑不定是人生的大忌讳。在机会面前迟疑，就像是听到发令枪响之后却不知道自己是要向前，还是留在原地不动一样。在做很多事情的时候，我们固然要未雨绸缪，也要思虑周全，从而确定自己能否做得很好。然而，当机会摆在眼前，我们却要坚定不移，也要努力奔跑，否则原本就不够强大的力量会被分散，原本成功的可能性也会大大降低。

在做每一件事情的时候，我们都要选择时机。有的时候，做事情就像在合适的季节里播种，也许只有三五天的时间，一旦时机逝去，就一去不返了。哪怕未来的人生道路还很长，对于某些事情而言，时间错过就错过了，不可挽回，也无法弥补。所以人生要想充实精彩，就必须抓住时机，这样才能在最佳的时间做该做的事情，不给人生徒留遗憾。

一、拥有梦想的永动机，你才能在人生路上越走越远

熟悉历史的人都知道亚历山大的丰功伟绩。曾经有人询问亚历山大是如何征服世界的。亚历山大回答说，自己只是当机立断，所以才能把相关的每一件事情在最短的时间内都做好。和亚历山大大帝一样，拿破仑也是一个坚决、果断的人。越是在危急的情况下，他越不会迟疑和犹豫，而是在诸多的目标和计划中凭着自己的理性判断，选择最有可能成功的方式，坚持去做。这种做法虽然会让拿破仑有所失去，却卓有成效地帮助他赢得了整片森林。

古往今来，每一个优秀的人都能够抓住时机，他们不但能力非凡，而且做事情也总是当机立断，决不迟疑。最重要的是，无所畏惧地坚定相信自己的想法，也让他们拥有独立创新意识，从而最大限度创造自身的价值。尤其是在现代社会，一切都瞬息万变，每个人更要坚定信念，才能跟上时代的脚步，也才能最大限度地激发自身的可能性，创造人生的辉煌和价值。

在英国，基钦纳将军向来是决断的代表人物。他虽然沉默寡言，但是却有着坚强如钢铁般的顽强意志，也曾经无数次立下战功。

基钦纳将军最大的特点是善于抓住战机，从来不随便更改作战计划。他总是经过深思熟虑才制订作战计划，在此之后就是全力以赴去实现作战计划，绝不会因任何原因轻易动摇。在历史上有名的南非之战中，基钦纳将军和参谋长一起率领大军出发，除了他和参谋长之外，没有人知道军队将开拔到何处。基钦纳将军胸有成竹，除了下令准备他所需要的战事之外，没有惊动任何人。有一次，基钦纳将军神不知鬼不觉地出现在目的地的一家旅馆，并发现有几名军官本该值班守夜，却玩忽职守。为此，他当即就给那些军官下达命令，必须接受制裁。这种"杀鸡给猴看"的行为，让整个军队的纪律都变得严明，再也没有人敢玩忽职守，无视军队纪律。

不仅在严明军纪方面，基钦纳将军在战场上同样冷静。也因此，基钦

纳将军才能成为历史上拥有顽强意志力和超强判断力的将领，带领整个部队立下赫赫战功，在历史上留下了浓墨重彩的一笔。

很多人之所以总是犹豫彷徨，就是因为他们意志力薄弱，决断力很差，也是因为他们在大多数情况下不能马上打定主意，做出理智果断的选择。基钦纳将军之所以能够雷厉风行，率领军队所向披靡，就是因为他头脑清醒，意志力坚强，而且决断能力很强。

人生是漫长的，也是短暂的。对于每一个人而言，生命都是宝贵的，只有一次机会。如果总是因为畏首畏尾而失去生命中千载难逢、转瞬即逝的好机会，再想有其他契机就会很难。所以每个人要抓住各种机会培养和锻炼自己的决断力，最大限度地激发出自身的潜力。也许有些人会说自己是因为害怕才迟疑不定，犹豫不决，实际上，故步自封固然可以避免失败，却也失去了成功的可能性。因而一个真正努力勇敢的人，哪怕承担失败的可能和风险，也应该决不退缩，更不以各种糟糕的理由把自己禁锢在内心的囚牢中。

二、学会对自己狠一点儿，哪怕再狠一点儿也无妨

生活总是对人们显现它残忍的一面。因而要想生存下来，不要总是梦想岁月静好，而是要努力地成就自己，甚至在必要的时候残忍地逼迫自己，这样才能突破和超越自己。人都是被逼出来的，要想成为独特的自我，就必须让自己坚定不移，勇往直前，而不要犹豫不定，错失良机。很多时候，那些千载难逢的好机会只会出现一次，稍有迟疑，好机会就会一去不返。你做好准备了吗？

敢进场的人，才有可能赢

梦想也不受年龄的限制，哪怕已经到了垂垂暮年，也依然能拥有梦想。梦想从来不会对拥有自己的人加以区分，不管是年幼的孩子，还是垂暮的老人，也不管是正值青春的青年，抑或是上有老下有小的中年，都可以拥有梦想并且实现梦想。然而，那么多人拥有梦想，他们的人生目的地却不尽相同，有的人获得了成功，拥有璀璨辉煌的人生，有的人只能徒劳地回忆梦想，同时暗自慨叹人生转瞬即逝。都在梦想的道路上执着前行，为何最终的结果却如此不同呢？归根结底，是因为有的人只把梦想当成空想或者毫无意义的幻想，而有的人却能坚定不移向着梦想前行，哪怕梦想的入场券再昂贵，他们也会毫不犹豫进场。

很多人并不知道生命存在的意义和价值，只是一味被动地接受生命的安排，也仓促地应付生命的窘境。有人说人生短暂，有人说人生漫长，正是因为他们对于生命的付出和渴望不同，所以对待梦想的态度截然不同。

生命不息，折腾不止，和那些渴望成功却总是安于现状的人相比，爱折腾的人有更大的可能性获得成功，因为他们善于折腾，尤其善于与生命角逐。记住，如果作为一名看客始终在赛场外为场上的人喝彩，那么无论如何都不可能获得成功，因为看客并没有真正参与比赛。要想赢得比赛，最重要的是先走到赛场上，让自己成为真正的选手，这样才有资格加入比赛。

大学毕业后，刘丹在爸爸妈妈的安排下回到家乡，进入一家事业单位，成为一名吃"公粮"的人，过着按部就班的生活。在日复一日枯燥的生活中，刘丹的热情很快消耗殆尽，曾经充满激情与热情的她，如今生活非常安稳，却缺乏动力，变得停滞不前。春节时，刘丹和同学聚餐，结果发现他们因为在外面历练，变得与众不同，神采奕奕。刘丹羡慕极了，对曾经的同桌、如今的职场白领说："我真羡慕你啊，可以去外面打拼，哪里像我这么颓废沮丧，都不知道人生的出路在哪里。"同桌不以为然："刘丹，你可是学霸加女神啊，你说出这样的话让我们情何以堪。也就是因为你没去我们公司，不然还有我什么事情呢！"

同学一语惊醒梦中人，如今的刘丹就是赛场上的看客，看着其他人在赛场上奔跑，而她却只能作为旁观者。与其抱怨或者遗憾，不如现在就拼尽全力，至少也能让人生有所突破，有所改变。

最终，刘丹下定决心瞒着父母辞掉工作，独自一人背起行囊奔赴远方。几年过去，刘丹在经历艰难的扎根过程后，已经在一家大公司站稳脚跟，有了稳定的收入，还谋划起买房安家的事情来。对于自己的今天，刘丹很满意，她也更加认可自己往日破釜沉舟的举动。

如果不曾进场，刘丹又何来今日的成就呢？她一定依然在家乡，每天都重复着枯燥乏味的生活。正是因为意识到自己不能碌碌无为，刘丹才果断进场，也才在短暂的青春时光中竭尽全力抓住机会，实现人生的新高度。

现代社会，每个人都面临着巨大的生存压力，尤其是职场上日益激烈的竞争，更是让人觉得无力承受。很多人年轻气盛，忍不住冲动，要在困难面前撂挑子。显而易见，轻易放弃只会让他们成为最大的失败者，而地球离了谁不转呢？很多时候，是平台成就了个人，而非个人成就了平台。聪明的职场人士知道，唯有敢于进场，为自己找到合理的位置，才能最大限度地发挥自身的能力,激发自己的潜能,让人生璀璨辉煌。

有太多的人对于人生持保守态度,他们不求有功,但求无过,总是谨小慎微,不敢轻易做出任何举动。每个炒股的人都知道,股市有风险,投资需谨慎,也知道高收益必然伴随着高风险。虽然道理人人都懂,面对人生中千载难逢的好机会,面对人生中不得不当机立断的抉择,他们还是忍不住要犹豫,甚至忍不住会逃避和退缩。从成功学的角度而言,是否敢于进场是决定结果的关键因素。一个人要想成功,必须先勇敢地进场。记住,哪怕最终的结果不尽如人意,也远远比徘徊在场外更好。很多人误以为人生是由重大的转折决定的,细心的朋友回头看去,会发现人生中很多关键的转折都出现在不经意间。也许一念之差,就会完全改变人生的方向,既然如此,我们为何不勇敢地进场,为人生努力拼搏,让自己无怨无悔呢?

真的勇士,敢于直面内心的恐惧

何谓真正的人生强者,不是那些遇到事情能够勇敢无畏上前厮杀和拼搏的人,而是那些在面对人生困厄时能够坚定不移、勇往直前的人。实际上,心理学家经过研究证实,多数人的先天条件都相差无几,之所以有的人经过一番努力能够获得成功,而有的人穷尽一生只能与失败纠缠,归根结底在于他们对待失败的态度。现实生活中,有太多的人为了避免失败而采取止步不前的态度,他们明知道有些事情很重要也很紧急,却不愿意当机立断去做。他们明明对一切都充满担忧,内心惊惧,却总是因为逃避的态度而止步不前。他们就像契科夫笔下的套中人,始终把自己牢固地捆扎起来,丝毫不给自己任何机会去改变和突破。他们不敢冒险,在抉择面前,他们宁愿闭上眼睛自欺欺人,也不愿意拿起手中的钢刀去与困难拼个你死我活。他们后退,逃之夭夭,并且再三告诫自己不要不自量力,以卵击石。这种行为表面上看起来比较稳当,实际上是真正的愚蠢。

在战场上,每一个浴血杀敌、立下赫赫战功的士兵,都是因为在上战场之前就已经做好了准备。否则,他们只能毫无斗志,最终死在敌人的刀枪之下。我们不妨设想一下,一个士兵已经上了战场,内心还是无法抑制地恐惧,他又如何最大限度地发挥力量,去战胜敌人呢?自乱阵脚说的就是这种情况。正如人们常说的,既然哭着也是一天,笑着也是一天,为何不笑着度过人生的每一天呢?同样的道理,既然畏缩是必死无疑,放手一搏还有可能赢得生机,那么为何不放手一搏呢?至少要死得其所,死得无怨无悔。

接连两次在高考中失利,与心仪的大学失之交臂,刘云已经失去信心。妈妈鼓励刘云:"再试一次吧,趁着我和你爸还能给你鼓励,也能给你支持。不然,就太遗憾。而且将来不上大学,没有好工作,生存也会变得很艰难。"

刘云迟疑道:"妈妈,也许我真的没有上大学的命。不然,我怎么试了两次,还是与大学失之交臂呢?"

妈妈说:"其实,以你的成绩,考个普通的大学没有任何问题。这样吧,再试一次,成不成的就在此一举,如果还是不行,再放弃也来得及。这次把志愿填报得区分度大一些,第一志愿报你理想的大学,第二志愿报中等的大学,第三志愿报非常普通的大学,这样至少保证有学可上。"

在妈妈的极力劝说下,刘云答应再努力一次。也许是因为心中已经想好最坏的结局,也许是因为妈妈总是不遗余力地鼓励刘云,在这次高考中，刘云居然考中第一志愿的大学。刘云高兴极了，她感谢妈妈时，妈妈却说："你是因为战胜了自己，才能战胜命运。"

妈妈说得很对，如果刘云始终怀疑自己能力不足，知识匮乏，她无论如何也无法获得成功。正是因为在妈妈的鼓励下，她战胜了内心的恐惧，突破和超越自我，最终实现梦想。对于每一个人而言，真正的敌人在自己心中，真正的禁锢也源自内心的恐惧。唯有战胜恐惧，超越恐惧，我们才能勇往直前，获得成功。

不管是在生活中还是工作中，很多人都会因为艰难的成长变得被动，也会因为人生的困境而陷入无法挣脱的局面。实际上，只要把失去的主动权夺回来，只要勇敢无畏地面对一切，不坚持到最后一刻决不放弃，总会有奇迹发生。

在大多数人心中，恐惧就像是一种病毒，会无限蔓延。在这种情况下，我们必须意志坚定，才能战胜病毒的侵袭。尤其需要注意的是，不要让害怕变成心理上的常态，否则就会无法自控地给予自己消极的心理暗示，导致意志动摇，恐惧如同海浪般袭来，会摧毁人的意志和信念。在这种情况下，人们情不自禁地告诉自己"我会失败"，就会导致真的失败。从心理学的角度而言，积极的自我暗示和消极的自我暗示，给人带来的感受是截然不同的。与此同时，每个人也会最大限度地改变命运常态，不让自己陷入被动的局面无法自拔。

二、学会对自己狠一点儿,哪怕再狠一点儿也无妨

 以行动作为思考的先驱

先有鸡还是先有蛋,很多人都为这个问题争执不休。实际上,不管是先有鸡还是先有蛋,结果都是相同的。与其讨论这种形而上的哲学问题,不如把更多的时间和精力用来思考一个困扰很多人的难题,即先思考后行动,还是先行动后思考,抑或是边行动边思考呢?

很多人都主张先思考后行动,理由是这样可以准备得更加充分,也能以切实有效的行动提升自己的能力,圆满自己的人生。实际上果真如此吗?先思考后行动的人都会发现,当过度耽于思考,就会导致人生陷入困境,无法自拔,并使人失去行动的力量。与此同时,面对先行动后思考的论断,很多年轻人也觉得无所适从,因为他们感到这就像是把自己推入虎口狼窝,在惊慌之余恨不得马上逃离。

然而,现代社会高手林立,生存的竞争越来越激烈,绝不会给人机会去安逸和享受的。与其说社会是一个大染缸,不如说社会是高手如林的强者乐园。一个人要想在危难到来的时候保持冷静和理智,拼尽全力把一切做到最好,就在要平日里时刻置自己于危机之中,这样才能逼迫自己在行动的过程中持续地思考,以理智指导残酷的现实。

正如人们常说的,机会总是留给有准备的人。从这个意义而言,每个人都要对自己更狠一些,唯有把自己置之死地,才能获得新生。即使平日里,也要做好准备迎接机会的到来,接受苛刻的挑战,这样才能最大限度地激发自身的潜力,把每一件事情都做到最好。并真正做到兵来将挡,水

来土掩。

要知道，企业的腾飞建立在员工腾飞的基础之上，如果员工对待工作都不够努力，那么企业还有什么前途可言呢！所谓路遥知马力，日久见人心，在没有真正展示自身的实力和能力之前，不如先展示自身的气势。

每个人最强大的力量都来自内心，他们唯有不断地征服自我，才能突破和超越自我。而那些总是犹豫不决、止步不前的员工，根本无法做到这一点。很多职员一旦面对上司，总是表现出胆怯的样子，总是推卸和逃避责任。殊不知，这样做会使自己失去展示自我的绝佳机会。这个世界上，有一种人根本不知道机会为何物，他们总是会在机会敲门的时候，把机会拒之门外。不得不说，这样的自我放逐，往往使得人们在生存之中面临更大的困境，也常常感到无以言说的苦恼。

大学毕业后，小李进入一家公司工作。由于只有普通的本科学历，再加上是新人，小李在很长一段时间里都从事打杂的工作，他认为自己没办法表现出自身能力和水平。

一天，小李在走廊上遇到老板。老板看到小李，迟疑了一下，停下脚步说："合作的公司对于设计方案提出了不同的意见，目前急需一个人在设计师和客户公司之间进行沟通和协商，而且要在三天时间里完成方案修改。唯一的便利之处是，客户公司愿意全力配合，积极沟通。你愿意承担起这份工作吗？"当时，小李心中第一时间闪现的念头就是："这不可能！"然而，小李很快又想道：如果我拒绝了老板，未来再也不会有这样的机会。为此，小李当机立断告诉老板："老板，我能行，放心吧，我一定圆满完成任务。"

得知小李接下了一个烫手的山芋，同事们纷纷嘲笑他太傻，说这是根本不可能完成的任务。

然而，小李知道事在人为，这个世界上从来没有真正的绝境。为此，小李开始与客户公司沟通，然后又把沟通的机会告诉设计师们。为了让设计师们争取时间，以最快的速度完成对策划案的修改，小李还自掏腰包请设计师们吃夜宵。看到小李初来公司就这么努力认真，设计师们也非常感动，纷纷表示要拼尽全力帮助小李渡过这个难关。

次日，因为客户公司的对接人出差，小李又有要紧的问题与对方沟通，为此，他当即购买高铁车票，甚至先于对接人到达出差的城市，与他进行沟通，并且把沟通的内容都记录下来，再配合在图纸上的明确标注。小李尽管赶回公司已经很晚，还是先把对接的结果发送给设计师，方便设计师们调整方案。就这样，经过来回五六次的对接，小李终于让设计师的设计稿通过了客户公司的审核。当这个工作完成的时候，比老板要求的时间还要早半天！看到小李工作效率如此之高，老板忍不住对小李竖起大拇指，还一个劲儿地夸小李是个人才呢！

如果有机会在老板面前展示自己，对于职场人而言，这既是一场考验，也是一个千载难逢的自我展示机会。事例中，小李正是通过老板给的一次机会，最大限度地彰显了自己的能力，展示了自己的才华，也赢得了老板的真心认可与欣赏。对于每一个职场新人而言，不要对这样的机会表示拒绝，而是要当机立断抓住机会。

有些新人之所以拒绝，是担心能否实现老板的期望，或者能力不足，不知道自己能否顺利解决问题。在这种情况下，应该相信自己，更要相信天无绝人之路，只要用心去想，努力去做，总会有所回报。

当然了，自信不是一种感觉，而是一种实实在在的能力，更是一种不可多得的魄力。

面对竞争,你到底怕什么

现代社会的生存竞争越来越激烈,表现在好工作一席难求,表现在生活中需要更多的金钱和物质,才能支撑高品质的生活,表现出很多人对于生活的奢望。如果没有自信作为支撑,就会成为水中月、镜中花,实现遥遥无期。但是即便现实情况如此残酷,不给人任何退缩的余地,也依然有很多人面对竞争止步不前,根本不能在竞争中实现人生的目的。面对竞争,大家到底害怕什么呢?正如一位伟人所说的,每个人最大的敌人就是自己,每个人唯有战胜自己,才能在竞争中获胜。

面对竞争,如果不曾尝试就颓然地放弃,那么不是被对手打败,而是被自己打败了。还有些人非常迂腐,总是以"比赛第二,友谊第一"来安慰自己。殊不知,以和为贵固然是良好的处世原则,但是该争取的时候就要争取,才能让人生少几许失意,多几许满意。不管是在生活中还是在职场上,总有些老好人,他们唯唯诺诺,从来不与他人争,却挡不住他人要与他争。这样的步步退让、节节败退,还不如最大限度地打开心扉,尝试赢得胜利。

作为一家公司的部门主管,杰米在副总的竞聘中落选了。这不是因为杰米自身的能力不足,也不是杰米各方面的条件不够优秀,而是因为在竞争还没有开始的时候,他就选择了放弃。

当真正失去这个千载难逢的好机会,杰米才感到懊悔万分。他哭丧着脸说:"我不知道我是怎么了,我怎么就不能像对手那样拥有必胜的信心和勇气呢!实际上,他并不如我,但是他的气势很强,对于副总的职位势在必得,我大概是被他的气势吓倒了。"实际上,作为部门主管,杰米在工作上的表现一直非常出色,如果他能再拼一下,很多人都认为他会成为副总。

无论如何懊悔,杰米都与副总的职位失之交臂了。失去这次机会,往往意味着他再也没有机会,因为哪怕现任副总升职调任,也会有更多的后起之秀与杰米竞争。职场上的情势总是瞬息万变,对于自己能够当即抓住的机会,一定要不遗余力地抓住。

现实生活中,有很多人都和杰米一样,他们明明能力很强,水平很高,但是面对竞争的时候,就是无法鼓起勇气,勇敢地面对。有的时候,哪怕是小小的竞争,哪怕竞争的难度并不大,他们也会不由自主地选择退缩。归根结底,就是因为他们太过怯懦。生活如同逆水行舟,不进则退。逃避竞争的人看似在短时间内以和平的方式避开竞争,从长远来看,他们绝不可能在竞争中赢得一席之地。

现代社会,每个人都要面对竞争,不仅成人需要在职场上奋力拼搏,就算是孩子,在学习方面也需要全力以赴。否则,当孩子输在起跑线上,又如何在竞争中后来居上,脱颖而出呢?不得不说,当今社会,人们在评判很多人和事情的时候,依然不知不觉地遵循着结果导向。所谓结果导向,就是不问过程,只求结果。在这种情况下,以成败论英雄成为必然,也让人在倍感生命的艰辛之后,不得不鼓起勇气勇往直前。很多人都会畏惧竞争,竞争却无处不在。没有人能永远宅在家里,也没有人能够始终保持静止不动的状态。不论个人还是企业,都面临这个问题。

在解决了竞争的第一个问题——让自己鼓起勇气接纳竞争之后,就要解决以什么去竞争。竞争可不是凭三寸不烂之舌就能完成的,竞争也不是盲目去做就能成功的。真正的竞争必须依靠真才实学，才能在强者如林的现实社会中杀出属于自己的一条道路，也才能从一棵小小的幼苗真正成长为参天大树。记住，真正的强者以竞争作为验证自身能力的好机会，只有弱者才会在面对竞争的时候不断地退缩，还没有做什么就缴械投降。与其输在自己的心里，不如输在对手的手里，这样至少证明我们真正努力过，也证明我们已经拼尽全力。

站在巨人的肩膀上，才能看得更远

古往今来，人都要很努力才能生存下来，那些有独特天赋又非常勤奋的人，更是会拼尽全力，以此从各种现象之中积累经验，总结理论，从而让后人可以在他们的基础之上有更大的进步。有段时间，人们是抵触"拿来主义"的。但是在人类进步的征途中，如果把各种钻研和发现的过程都重新经历一遍，无异于浪费时间和精力。在这种情况下，"拿来主义"就相当于把这些理论知识当作接力棒一样接过来，世世代代传承下去。试问：如果能站在巨人的肩膀上看得更远，为何非要站在巨人脚下艰难地往上爬呢？成功固然没有捷径，但是如果有更加节省时间、力气，又能让结果更好的方式方法，我们一定要毫不犹豫地采用。

现代社会的发展日新月异，事物每时每刻都在发展和变化，作为特定时代的生存者，我们也要坚持学习，与时俱进，这样才能最大限度地获得进步。没有人知道明天将会发生什么事情，唯一能做的就是通过研究历史，洞察万事万物发展的规律，这样一来，才能对很多情况做到防患于未然，未雨绸缪。反之，如果一个人既不读历史，也不向往未来，闭门造车，只会导致自己被禁锢，无法突破自我，更无法获得成功。由此也可以看出，现代社会没有任何人能够故步自封。对于他人成功的经验，对于历史的教训，我们不仅要取其精华，弃其糟粕，也要让自己在努力的过程中少走一些弯路。

细心的朋友会发现，成功者并不因为成功而骄傲自满，相反，他们会坚持学习，让自己变得更加成功。如果每个人都处于停滞不前的状态，一时的落后也许没有那么严重的后果，但是如果人人都在努力进取，唯独你"众人皆醒我独醉"，则只会被远远地甩下，落入无边的悔恨和失望之中。

小王和小张都是应届大学毕业生，一起进入同一家公司工作。相同的起点，让他们有很多共同语言。工作之余，他们常常交谈，沟通对于工作的感受和心得。通过不懈的努力，他们也赢得了上司的认可。

有一次，上司接到一项重要的策划任务，把这个任务分派给小王和小张，并且承诺将会选用其中一人的策划案。

得到这个消息，小王和小张都兴奋不已，他们都想把这个策划案做好，让自己的策划案得到上司的赏识。为此，接到任务之后，他们马上开始行动。小王的策划案需要用到很多数据。为了保证数据真实有效，小王亲自搜集数据，最终导致耽误时间，上交策划案的时间也延误了好几天，给上司留下了不好的印象。小张呢，则采取拿来主义的原则，对于策划案用到的数据全盘照搬历史数据。殊不知，有些历史数据在经年累月之后已经发生改变，一味地照搬只会给人生疏之感。最终，上司对于小王和小张的策划案都不满意。"小王盲目拒绝权威，小张盲目迷信权威，如果你们俩能中和一下，才是我想要的策划案。"后来，小王和小张通力合作，终于做出了让上司满意的策划案。

在不知道某个巨人是否是自己想拜的山头的情况下，就盲目爬到巨人的肩膀上站立，看到的未必是自己想看的风景。当然，如果不顾时间紧任务重，一味地去铺设自己的道路，也非常浪费时间，甚至会错失良机。在现代职场上，已经不需要只知道埋头苦干的老黄牛，这是因为老黄牛尽管工作态度很认真，工作起来也始终兢兢业业，但是他们的工作效率着实堪忧。与这些老黄牛恰恰相反，有的人虽然工作很轻松，看起来似乎毫不费力的样子，但是他们的工作效率不断增长。这样一来，他们才有更多的时间去休息，也有更多的机会去做自己想做的事情，更容易实现工作和学习的平衡。

既然你每天出门的时候从来没有平坦的道路供自己走，那么在面对生活和工作的时候，你要学会借道，沿着他人铺好的道路不断向前，直到前路无以为继，再去铺属于自己的道路，让自己无限接近成功。

这样省时省力又高效的工作方式不是偷懒，而是给予自己更好的生存状态。当然，需要注意的是，在借鉴他人的成功经验时，我们一定要按需取用，而不是盲目模仿，更不要因为模仿而失去自我。因为一切的学习都是把他人的成功之处融入自己的成功之中，而不是全盘照搬他人的成功。否则，我们就会因为盲目模仿而无法获得自己的成功，损失惨重。从这个角度而言，这里的拿来主义也是深度加工的过程，是按需取用。

积累每天的一个小时,你就会不同

有谁是从一出生开始就处于巅峰位置的吗?当然没有。每个人必须拼尽全力去努力,才有可能获得好的结果。如果总是在人生的道路上犹豫不决,也不愿意付出加倍的努力,最终的结果只能是自暴自弃,始终与失败结缘。现实生活中,总有一些人抱怨命运不公,指责他人轻轻松松就让生命变得与众不同。实际上,他们只看到了别人的光鲜亮丽,却从未想到别人在安逸的生活背后付出了多少艰辛和努力。

很多人都知道量变引起质变的道理,却不知道失败与成功之间隔着漫长的道路,也是一个不断积累,引起质变的过程。大学4年期间,如果你每天都能坚持背诵5个单词,那么4年下来,你的英语水平必然有突飞猛进的发展。单独看起来,每天背诵5个英语单词并不是很难,但是坚持却会让这样微小的举动拥有巨大的力量,甚至彻底改变一个人的影响力。

努力地付出,绝不在于一时一事,还在于长久的坚持。只要能够积累每天看似不起眼的一个小时,就会让人有翻天覆地的变化。当你日积月累,终有一日,你会发现自己已经从落后变得超前。如果说成功一定有捷径,那么捷径之一就是加倍努力,不怕辛苦,逼迫自己,恒久地忍耐和付出。在残酷而又激烈的竞争中,想要以不变应万变,是绝不可能做到的。生活如逆水行舟,不进则退。要知道,这个世界上绝没有一蹴而就的成功,也没有天上掉馅饼的好事。没有人会始终得到命运的青睐和眷顾,也没有人无须付出就得到自己想要的一切。不要当机会主义者，因为那些坚持买彩票的机会主义者往往不能中大奖，相反，中大奖的都是有心栽花花不开，无心插柳柳成荫的人。冥想也许能让人的心灵放空，却无法使人得到一切成长的所需，更无法让人卓有成效地改变命运和人生。既然注定不能不劳而获尽享人生，就要静下心来，全神贯注、专心致志地面对人生。每天一小步，最终就能走出千里；每天积小流，最终就能成江海。

大学毕业之初，张明觉得自己就像是大城市的一叶浮萍，无依无靠地漂泊着。然而，10年过去，张明不但事业有成，在大城市买了房买了车，还成家立业了。他是如何做到的呢？

回忆起过去的10年，张明依然历历在目。他每天早晨提前一个小时到公司，利用这段时间学习相关的业务知识，也提升自己的管理知识储备。每天下午下班之后，他还会晚走半个小时，对一天的工作进行总结，看看自己在一天时间里有什么进步和收获，有什么缺点和不足，然后给第二天的工作制定目标。正是在这样的状态下，张明才能够坚持反思自己，坚持主动学习，最终积累了很多宝贵的经验，也在知识层面上让自己有了很大的提升。最终，他从众多人才中脱颖而出。

看起来每天一个小时的时间很短，但是日积月累，每天一个小时就会变成一大段时间，只要抓住这些时间，就能产生积极的蜕变。否则，如果总是把这一个小时漫不经心地用于看电视，玩游戏，而不愿意捧起书本系统地学习，就相当于让宝贵的人生白白地流逝了，再感慨人生苦短，也是徒劳无功。

现代社会竞争异常激烈，生存更加艰难。除了那些狂妄自大、不顾实际的幻想家之外，大多数人要想脱颖而出，就必须加倍努力，以顽强的毅力坚持下去。哪怕做得与预期有一定差距，也不要轻言放弃。

看到这里，也许很多朋友不以为然：一个小时的时间实在太短，根本不可能做什么事情。的确，打一场游戏或者看一场电影，也许就要花费两三个小时，一个小时的时间的确有些零碎。但是正如前文所说，量变引起质变，只要长期坚持下去，把无数个一小时积累起来，总能产生惊人的力量，拥有惊人的收获。现实生活中，很多人都羡慕他人的光鲜亮丽，甚至觉得他人能够获得成功，完全是因为他人有天赋，有好运气，也得到贵人相助。实际上，除了极少数人幸运地含着金汤匙出生，大多数人都是普通人，都需要通过自身的努力才能获得成功。

　　不得不承认，在通往成功的道路上，只有少数人能够成功登顶人生巅峰，而大多数人依然平庸。但是，命运从来不会辜负任何一个人，如果你努力之后却没有结果，那证明你的努力还不够，你需要再接再厉。还需要注意的是，一旦制订了每天一个小时的计划，就要雷打不动地坚持去做，否则三天打鱼两天晒网，就无法实现时间的积累，也必然遭到成功的背弃。

三、人生不如意事十之八九，不放弃才能获得成功

人生就像漫无边际的海洋，无数人在海洋中浮浮沉沉，始终无法到达生命的对岸。实际上，不是我们不谙水性，也不是我们对人生预料不足，而仅仅是因为前路坎坷，有太多人轻而易举就选择了放弃。这个世界上有很多种放弃，自我放弃才是生命的放逐，也是让很多人都感到懊丧和绝望的。记住，只要你不放弃自己，世界就不会放弃你。

不急躁，让人生逆流而上

 ## 不放弃自己，才能拥有世界

我们经常会有一个错误的想法，认为他人的人生总是充满精彩纷呈的故事和引人入胜的情节，相比之下，自己的人生却苍白无力，仿佛一颗营养不良的豆芽菜。渐渐地，你对自己的人生开始不满意，甚至产生了放弃的想法。这样的想法是非常危险的！它会让你在被动之余感到绝望，也会让你在未来的人生道路上彷徨。

正如俗话所说，人生不如意十之八九，很少有人能够真正地赢得命运的青睐，在很多事情发生的时候都能顺心如意，一往无前。那么在人生遭遇坎坷和挫折的时候，放弃就一定是最好的选择吗？所谓生命不息，折腾不止，这也告诉我们活着就是要折腾，就是要经历各种挫折和磨难，才能让自己不断觉醒和振奋，爆发出生命强劲的动力。所以与其对生命感到畏缩，还不如鼓起勇气面对命运，接受命运的安排，走完人生的每一条充满坎坷崎岖和泥泞的道路。纵然人生的道路上布满荆棘，真正的强者也要勇往直前，才能踏破荆棘，最大限度地改变人生的命运。从本质上而言，一个人只要活着，就要接受命运的安排，就要在命运的捉弄中坚持不放弃，勇敢无畏地向前。除非到了生命终结的那一刻，这一切磨难才能真正结束。

在2011年的美国NBA选秀大会上，特纳无疑成为一个崭新的明星。那些专家全都给予他至高无上的评价，说他有天赋，爆发力极强，能在情势瞬息万变的球场上发挥优势，及时做出决定。大家认为特纳简直是完美的篮球队员，却没有人知道特纳从小就被病痛折磨，是因为他从不放弃，始终坚持，才成为如今璀璨的篮球新星。

特纳从出生后到3岁才会说话。尽管人们都说贵人语迟，不得不说，特纳说话也着实晚了些。正当家人为特纳的"贵人开口"欣喜时，特纳却遭遇了车祸。一天，在横穿马路时，特纳被一辆车撞得飞了起来。很幸运，他只是轻微的脑震荡，还有小小的皮外伤，这场车祸没有对特纳造成严重的伤害。家人还来不及庆祝有惊无险，特纳就被命运接踵而至的病魔缠住，他不但有荨麻疹、皮疹、湿疹、水痘，肺部有了炎症，还患上了哮喘。10岁之前，特纳一直在顽强地与病魔作斗争。到了10岁，特纳的身体状况并没有随着年纪的增长而有所好转，反而出现了面瘫的症状。小小年纪的特纳开始怀疑上帝，也质疑上帝为何总是以残酷的病魔折磨他。妈妈告诉特纳："上帝正在看着你呢，他是想用这些病魔让你变得坚强。"

后来，特纳进行了骨髓穿刺术，面瘫的症状随之消失。没想到，他的语言功能出现了问题，无法表达自己的所思所想。

从此以后，哥哥总是陪伴着特纳，通过特纳的手势和动作读懂他的意思，并且把特纳的想法翻译出来。

最初，特纳打篮球是为了锻炼身体，增强体质，当特纳遭到小伙伴的嫌弃时，哥哥不离不弃地陪着特纳打篮球。在不断的奔跑之中，特纳的身体素质越来越好，高中毕业后还接到了大学的录取通知书。从此，特纳更像长出了人生的翅膀，努力向上，勇往直前，决不畏惧和退缩。他像是一个追风少年，就这样一路奔跑着进入了NBA。

面对人生的坎坷磨难，很多人都会感到沮丧绝望，也会感到无法言说的悲苦。看了特纳的故事，你会明白：人生从来都不是顺遂如意的，命运更不会偏袒任何人。一个人要想拥有成功而又充实的人生，就必须在人生道路上勇往直前，哪怕披荆斩棘，踏着泥泞和坎坷，也要毫不退缩。

知道吗，飞机在天空中飞翔，在起飞之后处于云层下面，往往无法见到阳光。等上升到一定的高度，就能穿破云层，接受阳光的照射。人生也是如此。也许你现在觉得人生被阴云笼罩，只是因为你飞得还不够高而已。从现在开始，努力向上，不遗余力地拼尽全力，相信命运会给予你最好的馈赠。

愚公移山，贵在坚持

还记得《愚公移山》的故事吗？相信你还记得在初学这篇课文时的震惊和难以置信吧：仅凭着一家之力，怎么可能把整座山都移走呢？一开始，邻居以为愚公疯了，居然要把山移走，这是根本不可能完成的任务。不管是愚公真的把山移走，还是愚公感动了某个神仙，神仙把山移走，总而言之，愚公凭借着坚持达到了目的，也成功实现了自己的梦想。

前些年，诺贝尔文学奖的相关机构公布了诺贝尔文学奖在几十年前的提名人物。在这些人之中，中国近代文学家老舍赫然在列。实际上，和很多作家著作等身不同，老舍的作品在于精不在于多。老舍的每一部作品都是精雕细琢的匠心之作，他只是在用文字的形式表达心声，没有任何敷衍了事，也没有任何稀里糊涂。老舍曾经说，他每天只写700字，对于很多现代人而言，对于熙熙攘攘的现代社会而言，这样的工作量的确是太少了。然而，老舍正是以这样的方式坚持写出了优质的文字。正是靠着日积月累，持之以恒，坚持不懈，他才完成了《四世同堂》《骆驼祥子》。这些作品不仅在中国引起巨大反响,即使在世界文坛上,也享誉国际。不忘初心,方得始终,这恰恰是老舍先生的创作原则。

  日本有位果农叫木村,自诩为傻瓜,说自己要像山猪一样努力向前冲,奔向成功。木村之所以大名鼎鼎,就是源于他的坚持。一个偶然的机会,木村在《自然农法》一书中看到一句话——无所作为,不用农药和化肥的农业生活。正是这句话让木村怦然心动,也让他当即行动,采取无为而治的方法种植苹果。

  木村的果园不使用农药和化肥,可想而知,他的果园里害虫丛生,惨不忍睹。为此,木村和全家人都忙着捉害虫,却收效甚微,此时,他意识到只靠着人工去抓虫子是无法保证果树健康成长的。为此,木村改变方法,通过在果园里放入害虫天敌的做法,让果园达到了微环境的生态平衡。就这样,到了第八年,木村的果园终于结出苹果。这就是全家人努力辛苦8年的劳动成果。

  早在木村之前,日本已经有很多人尝试种植"无药果树",但是他们之中少则坚持两三年,多则坚持三五年,就因为没有成果和收获而放弃。唯独木村坚持不懈,勇往直前,才能获得成功的青睐,最终收获了胜利的果实。

  人人都羡慕木村的成果,以轻描淡写的语气诉说着木村在十几年间的坚持,他们却从未想到,木村之所以成功,是因为他遇到了比人们所了解的困难更多的困难,也付出了比人们所看到的汗水和心血更多的付出。朋友们,不要总是垂涎他人的成功,而是要更多地关注他人在成功背后的付出。唯有迈过一次又一次失败的坎,唯有坚持不懈,持之以恒,才能最终柳暗花明又一村。

  在这个世界上,没有什么事情是容易做成的。要想做成一件事情,就必须坚定信心，鼓起勇气，坚持不懈，才能在边走边看的过程中，让这件事越来越完善。《愚公移山》《精卫填海》尽管都是神话传说，却向我们展现出战胜大自然的恒心。俗话说，只要功夫深，铁杵磨成针，既然没有人的成功是平白无故降临的，也没有人的成功是一蹴而就获得的，我们就要做好打长期战役的准备，从而努力奋发向上，决不因为遭遇困境就放弃，更不因为内心彷徨就止步不前。要知道，一些事情在你坚持去做的过程中，说不定会出现契机，从而让你找到更好的解决之道。

不惧坎坷泥泞，风雨前行

在这个世界上，有谁的成功是捡来的？即使是富二代，要想拥有属于自己的成功，也必然要付出加倍的努力。对于成功，很多人都存在误解，以为成功是一种态度，只要态度达到就能获得成功。还有的人认为成功纯粹出于偶然，只有努力地抓住各种机会，有好运气，才能获得成功。不可否认，在众多成功的案例中，的确有上述情况发生，但是在现实生活中，成功的原因却很复杂。古人云，天时地利人和，就是说一个人要想获得成功，就要具备各个方面的条件。

此外，生活中还有一种成功非常特殊，那就是催逼出来的成功。不得不承认，懒惰和拖延是人的本能，大多数人都不愿意自发地去努力，反而愿意在生命的道路上不断延误，最终导致错失成功的机会。如此一来，要想成功，也的确需要催逼。因为一个人在催逼的状态下，会坚持进步。所谓人生有涯，能力无涯，每个人都有巨大的潜力，这些潜力可能在日常生活和工作中无法得以显现,只有在关键时刻或者危机之中,才能显现出来。人不管是在生活中还是在职场中,都应该适度给自己施加压力,从而让自己更加坚定不移向前,也努力勇敢面对人生。

张周是一家杂志社的编辑,大学毕业后就来到这家杂志社工作。原本张周以为自己会一直这样工作下去,与喜欢的文字打交道,每天都过着充满书香的生活。然而,几年之后,因为电子媒体的兴起,传统纸媒受到巨大的冲击,眼看着杂志社经营惨淡,领导只能求变。

领导交给张周一个重要的任务,那就是开发新媒体。不得不说,张周真的是个电脑盲,他在很长一段时间里,只会用电脑处理文档,其他的一窍不通。然而,张周没有退缩,因为他知道时势造英雄,如果他失去这个机会,未来就会失去立锥之地。为此,他毫不犹豫地接过这个任务,开始艰难的学习。在短短几个月时间里,张周就从一个电脑盲变成了一个电脑高手,也熟悉了新生事物——微信。也因此,他为出版社创办了微信公众号,粉丝很快达到几十万人,这样的速度和效率,让领导对张周刮目相看。

很多人在工作中遭遇困境的时候,第一时间就想逃避,从来不想从正面解决问题。其实,不仅出版行业,很多行业都面临困境。张周虽然不懂现代媒体,却很愿意学习,也以开放的心态接受新生事物。正因为如此,他才能以最大限度地改变工作现状,也走在时代的前沿,第一时间让自己的工作进入"柳暗花明又一村"的美好境遇。

现代社会,各行各业都发展迅猛,进步神速。作为一个现代人,一定要与时俱进,否则就会被时代的洪流远远地甩下。与其被动改变,不如主动改变,这样反而能够占据主动,让自己拥有更多的主动权。

每个人都有梦想,在实现梦想的道路上,很多人都会怨声载道,因为他们觉得自己已经非常努力了，却依然与梦想的实现相距遥远。殊不知，通往梦想的道路是充满坎坷崎岖，布满泥泞的。对于工作，我们应该当成一种责任去做，并且努力做好。很多人对于一些工作总是挑三拣四，殊不知，人生之中没有任何一段经历是白白经历的，所谓不经历无以成经验，这也告诉我们一定要多经历，才能丰富人生，增长人生的智慧。

适当的时候，不如狠狠地逼自己一把，也许生命的潜能会让你感到震惊，也会让你对自己刮目相看。

困难，是成功者的垫脚石

每个人都希望自己的人生顺遂如意，也希望自己在人生的道路上从不遭遇坎坷和挫折，都是顺境和坦途。然而，这终究只是一种幻想，不可能实现。常言道，人生不如意十之八九，这句话是非常有道理的。面对人生的不如意，人人都要摆正心态，尤其是要把困难当成迈向成功的阶梯，才能以更好的态度接纳困难，在人生的道路上始终勇敢向前，无所畏惧。

原本相差不大的人在后来的人生道路上分道扬镳，有的人奔向成功，有的人渐渐与成功背道而驰，就是因为他们对待困难的态度截然不同。困难不但是一块试金石，也是一本教科书，总是能够给人带来一定的感悟和启迪，也帮助人们最大限度地踮起脚尖，奔向成功的巅峰。一个人如果始终泡在蜜罐里，根本不可能成长为真正的人生强者。

众所周知，漫无边际的海洋才能造就经验丰富的水手，也才能让人生拥有大幅度的进步。所以说，在漫长的人生道路中，与其把挫折和不幸视为人生的大敌而采取抗拒的态度，不如坦然接受，这样才能以更加积极的心态改变自己，端正人生态度。

正如巴尔扎克所说："挫折和不幸，是天才的成功契机，是信徒的转折之点，是能人的宝贵财富，是弱者的人生深渊。"不可否认，没有人喜欢挫折和不幸，但是当挫折和不幸不可避免的时候，一味地逃避只能让人更加抗拒和无奈，唯有坦然接受，才能让人以此为契机，不断地成长，坚持进步。

很久以前，有个老妇人在外打工，在回家的山路上，遇到了一个劫匪。为了避免被洗劫一空，老妇人马上逃跑，但是劫匪却紧紧追赶。老妇人情急之下看到一个山洞，马上钻进山洞里。这个黑黢黢的山洞没有阻挡住劫匪追赶的脚步，劫匪径直追着老妇人来到山洞深处，把老妇人洗劫一空。劫匪不但抢走了老人的钱财和衣物，还把老妇人的火把也抢走了。山洞里实在太黑了，大大小小的洞穴相连，如同迷宫一般，让人根本分不清东西南北，也找不到山洞的出口所在。老妇人恳求劫匪："你把我丢在山洞里，我必死无疑，我求你把我带到山洞出口，我决不纠缠你。"劫匪不顾老妇人的苦苦哀求，带着所有东西离开老妇人，扬长而去，寻找出路。老妇人悲痛欲绝，以为自己就要命丧山洞。

劫匪把火把点燃，拿着火把在各个洞穴里穿行，然而洞穴实在太多，劫匪越走越找不到方向，最终活活困死在山洞里。老妇人呢，因为没有火把照亮，只能拖着疲惫的身躯和绝望的心灵在山洞里四处碰壁，还时不时摔倒，摔得鼻青脸肿。最终，她看到有一个方向传来微弱的光，就循着光的方向往外走，最终走出山洞，逃得活命。

眼前一片光明的人，因为置身光明之中，反而忽略了外部的光芒，导致人生失去方向。而置身于黑暗之中的人，尽管走起路来磕磕绊绊，却能够瞪大眼睛始终关注着外界的光线，最终循着光明而去。因而一个人是否能够在绝境中找到生机，并不在于他们是否拥有照明的器具，而在于他们能否敏锐地感觉到希望和光的所在。

现代社会竞争如此激烈，如果一个人始终困顿在人生的死角中无法摆脱，那么最终就会失去成长的机会，也会在人生的道路上不断碰壁。

常言道，不经历无以成经验，很多事情都要亲身经历，才能丰富自己的经验，提升自己的能力，从而让自己做得更好。因此不要把苦难当成人生的绝境，而是要把苦难当成人生的试金石。

挫折，不是永远的失败

成功者与失败者之间最大的区别是什么？成功者把挫折当成人生的绊脚石，也看作人生的一场历练，而失败者却把挫折看成人生的深渊，常常在挫折光顾之后，就一蹶不振了。由此可见，成功者与失败者之间最大的差距在于是否有战胜挫折的勇气和决心。

人生中，没有任何人一帆风顺，事事顺遂如意，每个人都会遭遇挫折和不幸，也常常会感受到无助和乏力。然而，强者在这些挫折和磨难面前，绝不会放纵自己、随波逐流。尽管遭遇失败，精神上也屹立不倒，决不轻易言败。而失败者之所以总是与失败纠缠，就是因为他们总是因小小的不如意就放弃，或者因为一些挫折就彻底沉沦下去，不再尝试和努力。不得不说，这是内心真正的失败，是精神大厦的轰然倒塌。

三、人生不如意事十之八九，不放弃才能获得成功

挪威人最喜欢吃的鱼就是沙丁鱼，因为鲜活的沙丁鱼鱼肉鲜美，入口回甘，是不可多得的海中珍馐。然而，沙丁鱼制作的秘诀是必须是活鱼，才有这样鲜美的味道。如果在运输过程中储存不当，沙丁鱼就会很快死去，味道大打折扣，价格自然也会大幅度降低。为了让沙丁鱼卖上好价钱，渔民们在捕捞到沙丁鱼之后，总是想尽一切办法让沙丁鱼保持生命力，这样到了渔港之后就能以好价钱卖出去。然而，渔民们绞尽脑汁，也无法让沙丁鱼保持生命力。每当他们紧赶慢赶回到渔港，大部分沙丁鱼都已经死了，他们的收入也大幅度缩水。

让大家感到惊讶的是，唯独一个渔民总是能够把沙丁鱼活着运回渔港，卖了很多钱，渐渐变得富裕起来。大家都想知道其中的奥秘，也不止一次询问那个渔民是如何做到这一点的。但是，无论大家采取什么方法打探消息，那个渔民都守口如瓶！毕竟，这能给他带来财富，他不能轻易说。直到渔民去世，人们才渐渐地从他的子孙后代口中得知原因。原来，渔民知道鲶鱼是沙丁鱼的死敌，所以总是在储存沙丁鱼的水箱里放入几条鲶鱼。这样一来，沙丁鱼面临危机，自然会拼尽全力游动，以求自保。而渔民呢，虽然损失了几条沙丁鱼给鲶鱼吃，却得到了更多活的沙丁鱼。

在心理学上，这个效应叫作鲶鱼效应，意思是说在如同一潭死水般的环境中，需要一定的激励手段，才能把死水搅活，也能让死水拥有生机。虽然沙丁鱼因为鲶鱼的到来面对生存危机，但它们也正是因为如此才能懂得努力挣扎。人同样如此，如果一个人始终生活在顺遂如意的环境中，很难有所成长和发展。唯有给生命带来刺激，始终保持新鲜活力，人才能最大限度地发挥潜能，创造事业或者生命的奇迹。

面对失败，很多人都会过多地把关注点集中在挫败感之上，一旦失败，就会自怨自艾，很少认真去想自己如何做才能战胜挫折，怎么做才能在失败的基础上再接再厉，获得成功。试想，一个人如果不知道反思

自己，怎么能够进步呢？与其在遭遇挫折和磨难的关键时刻逃避命运的利剑，不如勇敢地迎难而上，这样才能给予自己的人生更大的契机和成功的可能性。

伟大的哲学家尼采说过，一个人如果深陷苦难之中，是没有权利去悲观抱怨的。这是因为，悲观和抱怨只会让自身的负面情绪加重，让心中的勇气和力量渐渐地消失。宝贵的时机总是转瞬即逝，与其一味地陷入被动苦苦挣扎，怨天尤人，还不如抓住时间最大限度地激发自身的潜力，全力以赴与命运抗争。

很多极限运动员都把目标定在雪山。有过攀登世界最高峰珠穆朗玛峰经历的人都知道，征程一旦开始，绝不能轻易停下。尤其是在天寒地冻的环境中，如果停止前行，马上就会因为低温而被冻僵，非但无法完成攀登的任务，还有可能因此失去生命。

所以，要想保持生命的动力，我们就要认识到危机的重要意义，不要逃避，而要知难而上，勇往直前，才能最大限度地激发生命的潜能，让生命在危机中绽放光彩。

不放弃，才能拥有更多机会

什么是真正的失败呢？真正的失败就是放弃，因为放弃意味着失去了所有成功的可能。退而言之，尽管失败，也是可以积累经验，总结教训的，但是如果放弃，连失败的经验和教训也不可能得到。所以真正明智的人从来不会放弃。

古往今来，那些真正的成功者，总是能够在危急时刻坚持下去，决不放弃，也有信心和勇气战胜困难，所以最终"山重水复疑无路，柳暗花明又一村"。

对于成功的渴望人人都有，但是在通往成功的道路上，未必每个人都有必胜的信念和坚定不移的决心。

所谓行百里者半九十，就是告诉我们，一个人要走100里路，走了90里也只算开始一半而已。这正意味着很多事情越到关键时刻越是艰难，因而要想真正获得成功，最重要的是保持坚定不移的必胜信念，这样才能拼尽全力奔向成功。否则，哪怕内心有99%想要成功的欲望，但是却有1%的念头如同微弱的火苗一般忍不住要放弃，也是无法真正获得成功的，说不定还会与成功相去甚远，导致人生陷入困顿无法自拔。

很久以前，美国兴起了淘金热，很多人开始开采金矿。年轻人史密斯也做起了发财梦，为此，他把父辈留给自己的农场变卖掉，买了一些工具去开采黄金。一开始，史密斯只是采取常规手段，在一块土地上不停地挖掘。他的运气很好，很快就挖到了金矿石，这让他的内心升腾起更大的希望，于是他开始购买采矿的机器。

然而，等到机器运来以后，史密斯尽管带着工人们起劲地开挖黄金，也没有找到金矿石。史密斯心灰意冷，在所有钱花完的时候，他决定偃旗息鼓，还是老老实实当回农民。为此，他把机器变卖给一个叫汤姆的年轻人，自己卷起铺盖回到了家乡。

汤姆以很低的价格收购了这些设备，也得到了这片矿区的开采权。他赶紧找来地质专家考察当地的地形地貌，地质专家告诉汤姆：只要继续开采，就有可能发现金矿。汤姆当即带着工人们继续开采。果然，才挖掘了一米，就发现了大量的金矿石，获得了丰厚的回报。当史密斯得知这个消息后，懊悔不已。

在这个事例中,史密斯距离成功真的只有一步之遥,但是因为放弃,他彻底失败了,再无任何成功的可能性。很多事情都贵在坚持,唯有坚持才能柳暗花明,才能赢得新的契机。当放弃只有死路一条的时候,为何不能坚持下去呢?成功就在转角处。当你觉得筋疲力尽的时候,不要意志力薄弱,意念动摇,而应该心意坚定,勇往直前,才能在与命运博弈的过程中,最大限度地激发自己的力量,让自己变成真正的人生强者。正如人们常说的,哭着也是一天,笑着也是一天。同样的道理对于人生的道路而言,如果退步是灭亡,那么至少进步还有可能赢得生机。真正聪明睿智的人,当然知道自己应该如何取舍和抉择,也知道自己应该怎样才能继续保持进步的姿态。

现实生活中,有很多年轻人踌躇满志,想要开拓自己的人生,发展自己的事业。但是,他们总是在已经深思熟虑决定如何去做,也真正开始去做的时候,一旦遇到小小的困难,就心灰意冷,想要放弃。不得不说,这是让人非常心痛和悲哀的。古今中外,大多数成功者也许没有独特的天赋,也没有成功的潜质,但是他们唯独拥有不达目的誓不罢休的决心和勇气。从某个角度而言,成功本身并不艰难,最难的是在追求成功的路上,始终能够积极地面对失败,决不因为各种原因而轻易放弃。人生就像是一场拔河比赛,每个人都在与困难博弈。唯有坚持到底,决不放手的人,才能最大限度地赢得成功的机会,也真正地战胜困难,超越困境。

众所周知,爱迪生是举世闻名的发明大王,一生之中有很多项发明专利。我们现在每天使用的电灯,就是由爱迪生改进的。试想如果没有爱迪生的坚韧不拔,也许全世界的人们都要延迟很长时间才能进入光明的时代。在发明电灯的过程中,爱迪生为了找到最合适的灯丝材料,尝试了6000种材料,经过了7000多次实验,最终才找到合适的材料作为灯丝,也把全世界的人们带入光明之中。有一次,在实验失败之后,助理非常气馁,觉得这样的实验成功的可能性很小,爱迪生却说:"没关系,虽然实验失败,但是我们至少知道了哪种材料是不适合作为灯丝使用的。"在爱迪生的不断鼓励之下,助理再次坚定信心,全力配合爱迪生继续进行实验。从爱迪生身上,我们看到了成功的品质,也见证了究竟如何坚持才能最大限度地激发生命的潜力,获得真正的成功。

冬天已经到了,春天还会远吗?失败已经来了,成功还会远吗?人生之路上,每个人都在艰难前行,要想成为人生的强者,在人生道路上勇攀高峰,我们就一定要无所畏惧、勇往直前。

厄运到来,并不意味着人生彻底沉沦

在漫长的一生之中,很多人都会遭遇困厄和诸多的不如意,甚至是看似致命的打击。实际上这些都是生命的常态。在生命的历程中,为何有人活得从容潇洒,有人却活得战战兢兢呢?就是因为他们对待人生困厄的态度截然不同。正如苏轼在《水调歌头·明月几时有》中所说的,人有悲欢离合,月有阴晴圆缺,此事古难全。不得不说,人生有些时候的确是非常无奈的,因为很多事情并非人力所能为,也非人的意志力能转移。然而,这正是人生充满魅力的所在,没有人知道接下来将会发生什么事情,也没有人知道人生会带来怎样的惊喜或者惊吓。

实际上,当你把这种情绪和情感上的反应作为转瞬即逝的不良情绪,转而调整自己的心态，让自己努力从容地面对一切，你就会发现事情的发展出乎你的预料。你会喜欢上这样的感受，也会渐渐意识到生命的力量有多么强大。

所以，厄运到来时，我们唯一能做的就是以静制动，以不变应万变，怀着敬畏和坦然，迎接生命的历练。

最近这段时间，艾米几乎崩溃！她爸爸被检查出患有食道癌和肺癌，这让她不知道如何面对。艾米的妈妈是个普通的家庭妇女，既没有主见，又没有支撑力，在得知老伴身患重病之后率先崩溃。这样一来，从小作为独生女娇生惯养的艾米就只能坚强起来，支撑起这个风雨飘摇、濒临崩溃的家。

艾米也有两个孩子，都需要照顾，为此，艾米让老公请假一个月专门照顾孩子，自己则肩负起医院和家庭两边跑的重任。艾米一个人和医生沟通手术方案，确定手术方案之后，拿着自己的身份证和爸爸的身份证去找医生签字。那一刻，她感受到自己身上的担子沉甸甸的，也感受到内心充满了力量。她很清楚，自己此时此刻是爸爸妈妈唯一的依靠，也是家里唯一能够肩负起如此重任的人。为此，原本内心彷徨的她，此时此刻居然不再彷徨，渐渐地笃定起来。一个月之后，爸爸手术出院，艾米不仅把爸爸照顾得很好，也把妈妈照顾得很好。半年过后，身体恢复健康的爸爸一切安好，全家人的生活又步入正轨。艾米感慨：厄运过去，雨后天晴了。

的确，人生中有很多突如其来的打击，看似无法承受，但又不得不承受，民间有句俗话，事到头，不自由，这句话告诉我们，很多事情一旦发生，我们只能勇敢面对，没有任何选择的余地。既然逃避不了，我们为何不调整好心态，勇敢地去面对呢？唯有如此，我们才能更加积极主动地发挥自身的力量，也因为占据先机，有更好的表现。

人生最需要的就是勇敢面对的精神。否则，内心一旦泄气，导致事情朝着完全相反的方向发展，就会使得人生彻底沉沦，变得沮丧绝望。正如人们常说的，树活一层皮，人争一口气，这里所说的"气"，就是人生的精气神，就是人生中不可缺少的龙马精神。生活中，每个人都要最大限度地打开心扉，给予人生更多的成功可能性，让自己挺直脊梁，面对人生的一切坎坷挫折与风雨泥泞。

就像故事中的艾米一样，我们必须每时每刻都提醒自己，厄运到来，没有逃避的可能，更没有退缩的可能。现实生活中，之所以很多人哪怕面对相似的境遇，也会活出不同的人生，就是因为他们对待厄运的态度不同。真正的人生强者知道，一切厄运只是暂时的，因而他们可以鼓足勇气去坚持，等到守得云开见月明的那一天到来。而也有很多人把厄运当成人生的绝境，因此变得颓废沮丧，认为自己绝没有机会和可能性逃脱厄运。可想而知，在这种消极悲观的心态影响下，人们就会失去信心，也会在生命的道路上不断地沉沦，最终陷入真正的绝境。显而易见，这样的结果是人人都不想看到的，那么就要鼓起勇气，以百倍的信心激发自己的潜能，让自己变得勇往直前，无所畏惧。

有人说时间是最好的良药，其实很有道理。在看似无法愈合的伤痛面前，如果我们能够给予伤痛以时间，让伤痛自行疗愈，最终会发现因为厄运受到深深创伤的心伤已经结疤愈合。人生之路，无非是哭一程，笑一程。唯有心境坦然，才能让哭哭笑笑都成为过眼云烟，让一切都水到渠成。

四、实现梦想的道路上，没有人能替代你

  每一个人的梦想只能靠着自己来实现，这也注定了在实现梦想的道路上，人们总是孤独的。有些人也许会寻求帮助，当然，这是走向成功的捷径，可以让原本艰难的事情变得简单一点。即便如此，也不要松懈，而是要继续全心全意去努力，毕竟你才是梦想的所有者，也是命运的主宰者。

不急躁，让人生逆流而上

 不急躁，从容渡过困境

现代生活节奏越来越快，工作压力越来越大。在凡事都讲究效率的今天，几乎每个人都犯了急躁病。还记得陶渊明在《桃花源记》中营造的美好生活吗，不得不说，这样世外桃源般的生活，以前是很难实现的，现在同样很难实现。试问，急急忙忙、步履匆匆的现代人，有谁能够放下手机一天，不接听任何电话和消息呢？作为望子成龙、望女成凤的父母，又有谁可以给予孩子更多的时间和空间，让其去自由地成长，而不把生活的期望和压力转嫁到孩子身上呢？似乎都不可能！

为了不让孩子输在起跑线上，他们总是迫不及待给孩子施加压力，也安排孩子参加无休止的培训班、补习班、兴趣班。成年后，每天要完成"压力山大"的工作任务，要照顾家庭，抚育孩子，想要做到完全淡定几乎不可能。

从唯物辩证的角度去看，既然客观外物是我们无法改变的，那么不如更加积极主动地改变自己的心态，调整自己的心境。

面对生活的风雨泥泞和坎坷，一味地急躁有什么用呢？除了扰乱自己的心绪，让自己彻底陷入困境中无法自拔，也错过解决问题的最佳时机之外，还有很多不可见和无法预知的负面作用。既然如此，还不如化消极为积极，变被动为主动，这样才能全力以赴奔向美好的未来。越是在困顿之中，急躁越是会像一剂毒药，毒害我们的心灵，让我们的内心变得焦虑紧张，无所适从。

四、实现梦想的道路上，没有人能替代你

在美国，有一个年轻的小伙子因快速骑着摩托车发生了惨烈的车祸，导致高位截瘫。从一个生龙活虎的青年到不得不躺在病床上的废人，小伙子非常懊恼，毫无求生的意念。

在家人的陪伴和精心看护下，他度过了生命中最艰难的时光。原本以为自己的一生就要这样成为家人的累赘，等到病情稳定之后，他突然想到："我为何不利用这个机会去学习呢？"

小伙子原本的学历不高，只是个普通的工人，靠着出力气干活谋生。反正躺在病床上百无聊赖，不能做其他事情，不如用心学习。正如人们常说的，世界上的事情最怕的就是"认真"二字。渐渐地，小伙子投入学习中，感受到学习的乐趣，变得越来越爱学习。他发现，原本面目可憎的书本变得可爱起来，尤其是当专心致志学习的时候，时间总是过得飞快，这让小伙子的病床生活没有那么艰难。小伙子经过几年的学习，不但拿到了律师资格证书，还成为一家公司的法律顾问，获得了比车祸前更好的工作。

如今的他已经坦然接受厄运，他常常说："正是厄运的发生，让我原本风驰电掣的空洞生活停下来，画上休止符。如今的我更加关注心灵，再也不那么急躁，反而得到了别样的收获。"

生活总是如此，当你忙着去应付一切，就根本没有时间思考，也茫然不知人生的方向。唯有当生活中出现休止符的时候，你才能真正停下匆忙的脚步，开始反思自己的人生。这样的反思，对于人生是很有益的，也会给人生带来别样的成就和发展。

面对命运的反复无常和无情捉弄，一味地抱怨根本不能解决问题，过度的急躁也会让我们的眼睛和心灵都被蒙蔽。越是在艰难时刻，我们越是应该停下来，用心观察一切，从而从容不迫地应对生命的磨砺。

把抱怨的时间都用来努力

当生活如同画卷一样呈现在我们面前时,不管是美丽的景色还是让人厌倦的风景,我们都要坦然接受,学会去欣赏。正如一位名人所说的,这个世界上并不缺少美,缺少的只是发现美的眼睛。命运总是公平的,它不会让一个人始终顺遂如意,也不会让一个人总是在逆境中苦苦挣扎,看不到任何希望。

很多人一旦遭到命运的捉弄,马上彻底遗忘命运给他的赐予,开始喋喋不休地抱怨。殊不知,抱怨除了加重自身的怨气,使得自己陷入更深的绝境,影响身边人的心情之外,没有任何好处。在这种情况下,与其把宝贵的时间和生命用于抱怨,不如调整好心态,全力以赴去努力。当你坚持这么做,你会发现自己越来越会得到命运的善待,反之,如果你总是抱怨,你会发现自己越来越遭到命运的唾弃。

客观存在的外部世界,在有些情况下通过努力是可以改变的,在更多的情况下,是即使努力也无法改变的。既然如此,我们就要更加积极主动,调整好自己的内心状态,调整好自己的情绪情感,才能卓有成效地让生命变得更具有张力。

大名鼎鼎的心理学家维克多·弗兰克,在著作《活出意义来》中说:"生命总是询问每个人,活着的意义是什么,生命也告诉每个人,活着的意义在于'负责'。每一个有分量的生命,都要以负责作为生命的本能和最神圣不可侵犯的任务。"这句话看起来充满哲学意味,实际上却是心理

四、实现梦想的道路上，没有人能替代你

学范畴的讨论内容。在这个世界上，很多人浑浑噩噩地活着，从来不知道人的生命存在有何必要，有何可能性。为此，他们尽管活过很久，却几十年如一日地混沌着。还有些人努力活好每一天，在可能的情况下拷问自己如何才能活出精彩，如何才能最大限度地赋予生命以分量。这样的人生是卓有成效的人生，也是质量显著的人生。这样活过的人，才不枉一生的努力与辛苦。

有个老妇人每天都愁眉苦脸地坐在家门口。有一天，艳阳高照，邻居出门的时候依旧看到老妇人愁眉不展的样子，对老妇人说："老人家，今天太阳这么好，您已经到了颐养天年的年纪，也不用为工作发愁，为什么不高兴呢？"

老妇人说："虽然我老了，到了退休的年纪，但是我的女儿们都还在努力工作，为生计发愁。我的大女儿是卖伞的，每当天气晴朗、万里无云的日子，她的伞一把都卖不出去。"听了老妇人的话，邻居同情地点点头，说："可怜天下父母心，真是活到老也为了孩子操心。"

没过几天，台风来袭，狂风暴雨。不想，老妇人坐在门口的过道里，眼睛里依然含着泪水，特别伤心的样子。邻居穿着雨衣路过老妇人门口，看到老妇人这么忧伤，不解地问："老人家，今天可是狂风暴雨，您大女儿的雨伞一定卖到脱销。"不想，老妇人却满面忧愁地说："我大女儿的伞虽然好卖，但是我小女儿的渔船却完全没法出海了，这样他们就捕不到鱼，也挣不到钱。"看着老妇人忧心忡忡的样子，邻居说："老人家，您要是这样想，就会很难过。您为何不调整下心态呢？您想，晴天的日子里，您的小女儿可以出海打鱼，而在刮风下雨的日子里，您的小女儿就可以留在家里休息，调养生息，等到风和日丽就能捕捉到更多的鱼。而到了雨天的日子，您的大女儿就可以卖雨伞、雨衣等雨具。而且就算是晴天，您的大女儿也可以卖遮阳伞。这样一来，不管是晴天还是雨天，您的两个女儿

都有钱赚,家里都有收入,岂不是很好吗?"

听了邻居的话,老妇人的眼睛里泛出光泽,恍然大悟:"是啊,这听起来的确很棒。我还可以让小女儿下雨天的时候做点儿其他生意,也是不错的选择。"

邻居笑起来,说:"对啊,天气无法改变,但是人的思想和思路可以改变。"

从此,老妇人每天都高高兴兴的,再也不因为可能忧虑的事情而伤心了。

有人说过,心若改变,世界也随之改变。乍听这句话,很多人肯定会觉得纳闷,心的作用和力量真的这么大吗?的确,心的力量超乎你的想象,只不过在此之前你可能始终不知道如何才能利用好心态,更加充满力量地面对人生。事例中的老太太常常悲观凄苦,是因为她看事情的角度,也是因为她的心态消极。经过邻居的提醒,她改变了看问题的角度,也调整好心态,才会找到人生的幸福和快乐,更加积极地面对人生。

《格列佛游记》的作者约拿丹·史威福特是英国文坛上首屈一指的优秀作家,但是他却始终奉行厌世主义。每当到了生日的时候,其他人都是兴高采烈地庆祝,唯独他穿着黑色的衣服,如同参加葬礼一般心情沉重。而且生日当天,他坚持素食,不沾荤腥。很多人都为他的悲观厌世感到遗憾,但是他却在作品中表现出鲜明的观点,那就是一个人只有幸福快乐,才能健康地生存,才能真正地把握和掌控命运。他认为,唯有自制、安静、快乐,生命才能获得源源不断的动力,才能始终保持积极的动力。

有人说,爱能够创造奇迹,实际上,真正创造奇迹的是快乐。爱也是通过让人产生幸福快乐的心境,才能创造奇迹的。很多身患癌症的病人,在生命的最后阶段总是悲观绝望,那么就会更快地失去生命,也会给自己和家人带来更多的烦恼和悲痛。而有极少数癌症患者能够战胜癌症,甚至奇迹般地控制癌细胞的发展，就是因为他们的心态非常积极洒脱，总是能够以乐观、快乐面对命运的一切赐予。正因为如此，他们才从容淡然，决不轻易放弃希望。叔本华说过，很多人之所以苦恼地度过一生，就是因为他们总是想到自己没有的一切，而没有想到自己真正拥有的一切。正因为如此，他们才会陷入困顿无法自拔，让郁郁寡欢的情绪毁掉自己的一生，这与自寻死路又有什么区别呢？

抱怨是人生的毒瘤，拥有足够强大的力量，足以毁灭很多人的人生，与其被动地等待抱怨的到来，丧失人生的主动权，还不如调整好心态，积极主动地面对人生，快乐从容地把握命运。

生命需要接纳不完美

能够拥有淡然的心境，是人生的一大幸运。尤其是在"压力山大"的现代社会，很多人都因为心绪不平而被动地面对命运，也导致身体健康受到影响，处于亚健康状态。不得不说，这样的困顿并非完全是因为客观外界造成的，在很大程度上是由人们的主观心境导致的。

前文说过，对于人生的困厄不应该逃避，而应该勇敢地面对。实际上，对于人生中那些并非急需解决的问题，我们可以从容应对，必要的时候，还可以暂时把问题搁置，从而给自己争取到更多的时间从容地去解决问题。新生命从呱呱坠地开始，父母就情不自禁对他/她抱有极高的期望，而等到生命不断地成长和发育，成为独立的个体，他/她也对自己的人生有了不切实际的愿望。在这种情况下，如果命运不能顺遂如意，人们常常会感到非常懊丧,也会因此对于自己的命运失去操控感,深感内心无力。

命运从来不是完美的。既然对于很多已经发生的事情我们无法改变,那么就要淡然以对,努力地调整好心情。否则,如果一味地陷入沮丧和沉沦,只会导致自己失去与命运博弈的机会。

有一天,小敏穿着新买的白裙子出门。才走到楼梯,就遇到一个莽撞的孩子,在她的长裙上留下了一个黑色的污渍。这个污渍不仅印在裙子上,也印在小敏的心上,她感到沮丧极了:这可是我刚买的裙子啊,足足花了我半个月的薪水,2000多块钱呢!却没想到刚出门,就变成了一条不完美的裙子。

一上午,小敏都因为这条裙子郁郁寡欢,无法专注工作。在制作工作报表的时候,也因为心不在焉而少写了一个小数点,遭到上司劈头盖脸的批评。中午,小敏没有胃口,只吃了一个苹果。下午因为挨饿而胃疼。在下班之前还接到了公司的辞退通知。小敏早就知道公司要辞退一批员工以减少开销,没想到自己成了第一个。为此,小敏郁郁寡欢。回家的路上,小敏还遇到堵车。看着出租车的计价器一直噌噌上涨,小敏不得不选择下车,步行大概5公里的路程回家。小敏的心情简直糟糕到了极点,当天晚上还失眠了。突然之间,小敏意识到:我为何会有如此糟糕的一天呢?这都是因为裙子上的污渍导致的。实际上,在长达一天的时间里,没有任何人留心到小敏新裙子上的污渍。因为公司即将要裁员,每个人都心神不宁,也没有人注意到小敏穿了一条崭新的、价值不菲的裙子。如此想来,小敏释然了,对自己说:"一切都没关系,大不了从头再来。"小敏在天快亮的时候,欣然入睡。

早晨9点,小敏还在酣睡中,接到了一个曾经的客户电话。小敏正想告诉对方自己已经被辞退,请对方找公司里新的负责人,没想到对方却说:"小敏,我听说你离职了,不如来我们公司吧。待遇方面你放心,绝对比

四、实现梦想的道路上，没有人能替代你

你在以前的公司多。我们公司资金雄厚，没有受到金融危机的影响，正在发展壮大呢，急需你这样有经验又认真负责的人加盟。"

于是，小敏欣然前往面试，如愿以偿得到了工作机会。确定次日来报到上班之后，小敏回到家里就开始清洗美丽的白色长裙，她发现裙子很容易清洗干净。就这样，次日早晨，小敏穿着焕然一新的美丽长裙去新公司报到，看到阳光明媚，她感觉路边的花儿似乎都在朝着自己微笑。

小敏之所以一开始郁郁寡欢，感觉整个世界似乎都在和她作对，就是因为早晨刚刚出门白长裙上就被弄上了污渍。而后来，小敏想明白了，心中释然了，也就能够怀着积极的心态和良好的情绪面对这一切。如此一来，小敏反而有了好运气，这都是好情绪的功劳。假如小敏继续沮丧下去，带着通宵不眠的困倦去面试，说不定会失去新工作的机会。

总而言之，每个人都要最大限度地调整好心态，拥有好情绪，才能得到命运的善待，以好情绪召唤回正能量，让自己成为能量巨大的磁场。

人生中有太多不如意的事情，诸如失业、失恋、破产等，甚至还有糟糕的家庭环境，当这些困厄一起袭来，能怎么办呢？当然不是放弃，而是要勇敢面对。唯有如此，才能振奋精神，拼尽全力去改变。越是命运艰难，我们越是要保持积极向上的勇气，这样才能扼住命运的咽喉。既然沮丧、绝望、抱怨等负面情绪都于事无补，最好的办法就是坦然接受和面对，也许会有柳暗花明又一村的惊喜。

古往今来，伟大的成功人士都是能够从容面对人生的人。一个人如果没有双脚，就此陷入厄运深渊无法自拔，那么当遇到没有双腿的人时，他们还觉得自我放逐理所当然吗？当然不是。在命运没有最终宣判之前，我们始终有机会扭转命运的趋势，有机会彻底改变自己的人生。

从心理学角度而言，情绪并非因为外界而产生，而是我们内心自主的选择。在情绪良好的状态下，我们总是觉得神清气爽，内心充满欣喜。而

在情绪恶劣的状态下,我们总是郁郁寡欢,内心混沌。在这种状态下,我们怎能发挥积极主动性,发挥创造力呢?因此,不管面对怎样的命运,都让我们积极地选择好情绪,这样才能真正把握住命运,创造属于自己的人生。

成为生命的匠人

很多人都爱喝可乐、吃麦当劳或肯德基,却从未想过作为一种饮料,可乐的道路为何走得这么远,而作为一个两片面包夹块鸡腿肉和酸黄瓜的汉堡,为何能够走遍世界?这是因为企业具有匠人精神,把一件简单的事情做到极致,并且质量永远不打折扣地坚持下去。时间久了,简单的事情就变成了真正的奇迹,也得到了无数人的认可和赞许。

在这个世界上,并不缺少在很多方面都蜻蜓点水的人,唯独缺少在某一方面非常认真扎实的人。事情不在于做得多,而在于做得精,唯有坚持"要么不做,要做就要做到最好"的精神,我们才能调动自己的所有能量,把小事做成奇迹,把点滴的坚持贯彻起来,成为生命之中最伟大的契机。

也许有人觉得这个世界上根本没有十全十美,也没有绝对的完美。因而很多人看似在追求完美,实际上只是在挑剔苛责或者吹毛求疵。这是对于完美的误解!世界上的确没有真正的完美,但是我们在做很多事情的时候,却可以无限度地接近完美。所谓追求完美,并非鸡蛋里挑骨头,也不是表现出与众不同的认真,而是要对事情深耕,把每一个细节都做到最好。就本质而言,追求完美是一种认真的态度,正如人们常说的,世上事，最怕认真。这也告诉我们人与人之间之所以有那么大的差距，就是因为有的人非常认真，有的人极其不认真。遗憾的是，现实生活中有太多人都抱有混沌的态度，凡事都是三心二意，不认真，有个七八分满意即可。殊不知，以这样的理论来劝慰自己也许能让自己宽心，但是如果以这样的态度对待学习、工作，甚至是生活，则只能让现实的情况更加缩水，能达到50%的满意就算不错了。这就像是一个学生在考试之前，给自己定下的目标是及格就好，那么他基本上是不可能及格的，因为从说到做还有一个缩水率的存在。反之，如果他为自己制定的目标是90分，那么他极有可能考到80多分，从而给自己一个说得过去的交代。做人做事都是如此，尤其是对待工作，作为职场人，也应该怀着认真的态度，绝不蒙混过关。

苹果公司曾经的掌门人乔布斯无疑是一个传奇。有好几次苹果公司都面临倒闭的困境，甚至看不到出路，是乔布斯带领公司从波谷到波峰，让公司起死回生，回到行业的高峰。为了探秘苹果公司和乔布斯，有人专门研究乔布斯的成长经历，从中窥探到苹果公司的发展过程。

毫无疑问，作为苹果公司的灵魂人物，乔布斯的确以自身的性格给予苹果公司很大的影响。但乔布斯在公司的名声很糟糕，因为他雷厉风行、严格苛刻的作风，很多员工甚至私下里给他起绰号，称呼他为"地狱魔王"。但这不曾让乔布斯有任何改变，他坚持在每个周一开会，在会议上与员工沟通关于公司发展各个方面的问题。对于那些能力有限、办事不力的员工，他绝不留情，当即辞退。

对于产品，乔布斯也始终追求完美，他在会议上与相关部门的负责人讨论如何把产品做到最好，精准为产品定位客户群，从而保证公司每次推出的新产品都能在上市之初就引起巨大的反响。正因为如此，苹果公司推出的每一款产品才能赢得目标客户的喜爱和青睐。乔布斯做事情还不给自己留退路，在他的工作词典中，没有备选方案，也没有退而求其次的任何可能。正是因为知道乔布斯的性格品质和工作风格，下属们都对乔布斯的命令不打折扣地全力执行，从而保证乔布斯在现实工作中的任何想法和决定都得以百分之百实现。

就这样，苹果公司不但成就卓越，而且突破和超越卓越，它虽然没有行业标杆，却始终以自己作为标杆，努力突破进取，取得更大的进步，也推出更加高品质的产品。

每当苹果手机要公开发行的时候，专卖店门口总是排起长队，让不是苹果忠实粉丝的人感到非常困惑：苹果手机真的那么好吗？居然值得大家彻夜不眠通宵排队去抢购？如今，苹果手机不仅是一种产品，而且已经成为一种社会现象，值得每一个在商海中苦苦挣扎却始终看不到曙光的人去深入钻研，也有的放矢地调整自己的心态，把事情做到最好。

乔布斯是个不折不扣的匠人，在专业领域内，他把一切做到最好，接近完美。那么你呢？如果你还在抱怨自己命运不济，始终没有得到好的机会证明和展示自己的实力，那么你就落伍了。要想成功，你就要有把每一件小事都做到极致的动力和坚定信念，也要有追求完美的源源动力。当你坚持自己的心之所向，总是努力成就自己的人生和梦想，时光会给你最好的回答。

 ## 坚持初心，不因名利而迷失

每个人都希望自己能够功成名就，成为人中龙凤，然而凡事皆有度，过犹不及。遗憾的是，很多人在追求自己理想的道路上，轻而易举就会让自己迷失，这是因为他们忘却了初心。只有坚持初心的人，才能如愿以偿获得自己想要的生活。是成就还是迷失，最关键的在于把握好度。如果不能把握好度，就会导致人们在不断努力奋进的过程中忘却自我，也迷失原本制定好的方向和目标，结果可想而知。

人生之所以伟大，是因为梦想；人生之所以瑰丽，是因为坚持。梦想人人都有，可是在实现梦想的过程中，能够始终坚持不放弃、能够始终坚持不迷失的人，却少之又少。

司马迁受到残酷的宫刑，依然著成《史记》。这部著作被鲁迅先生赞誉为"史家之绝唱，无韵之离骚"，代表了其至高无上的成就。与司马迁恰恰相反，很多人在追求人生道路的过程中迷失了自我，也变得迷惘和无助。不得不说，没有目标和方向的人生，就像是在大海上航行却失去了罗盘和指南针，很快就会迷失在漫无边际的大海上，茫然不知所踪。曾经有科学家用松毛虫做过实验，把松毛虫首尾衔接放在圆形的花盘边缘，结果松毛虫就这样沿着花盘边缘不停地爬啊爬啊，丝毫没有意识到它们爱吃的松叶就在旁边。最终，它们活活累死，也没有吃到美味可口的松叶。做人一定要有方向，而不要人云亦云，迷失在欲望之中，否则也会落得和松毛虫一样的下场和结局。

15岁那年，戈德的命运彻底改变了。这并非因为他的人生发生了多么翻天覆地的大事，而是因为祖母的一句话。祖母已经非常老迈，有一天突发感慨，说："一生的光阴就这么悄然流逝，如果我当初趁着年轻，能尽量多做些不同的事情就好了。"

听到祖母的话，戈德突然感受到一种深深的悲凉，他可不想像祖母一样等到年老才感到后悔。为此，他马上开始行动，拿出纸和笔，列举了自己一生必须做到的很多事情。这些事情中，有些是他的梦想，有些是他必须做的，也有些是他想去尝试的。他还把这个清单起了个名字，就叫作

不急躁，让人生逆流而上

"梦想清单"。

戈德的梦想清单有100多项，内容涉及生活、工作、探险等，他还想学会很多技能，诸如骑马、驾驶飞机等。可以说，戈德的每一个梦想都显得与众不同，看到这份梦想清单，很多人都觉得戈德根本不可能实现梦想。然而，戈德记住了这些梦想，他甚至把这些梦想完全铭记于心，都能倒背如流。在漫长的一生中，戈德几乎完成了所有梦想，了无遗憾地离开人世。戈德做到了，他即使白发苍苍，也从未像祖母那般懊丧和遗憾。

戈德的一生是精彩辉煌的一生。他虽然没有做出什么惊天动地的大事，却实现了自己的梦想，这是了不起的。在这个世界上，有几个人能跟戈德一样，把梦想变成现实呢？人生因为梦想而伟大，人生也因为梦想而变得与众不同。没有梦想的人生就像是失去灯塔指引的航行，容易在到达目的地之前就迷失航向。还有些人虽然有梦想，却只把梦想局限于空想，只是去想一想，马上又把梦想彻底忘记。不得不说，这样的梦想就是水中月、镜中花，对于人生并没有太多的意义。也许有很多朋友会为自己辩解，说自己之所以渐渐地遗忘梦想，就是因为生活的压力太大，命运的波折太多，也是认为自身过于拖延和懒惰。不得不说，这些都是背弃梦想的借口。真正忠于梦想的人，总是能够在任何情况下都不放弃梦想。

在追求梦想的道路上，一切阻碍都不应该成为阻碍，所有困顿都只是暂时的困顿。只要我们始终心怀梦想，向着梦想的目的地不断前行，一切就会更加卓有成效地得以实现。朋友们，你还记得自己的梦想是什么吗？

激发人生的潜能,让自己无所不能

生命的能量就像一座宝藏,大多数人只开发出其中的一小部分,这是因为他们内在的因素或者客观的外在条件在不知不觉中限制和禁锢了自己。如果能把处于沉睡和休眠状态的能量全都唤醒,并且激发出来,那么人人都会有与众不同的成就和美好的未来。也许有人会说,潜能没有想象中那么强大。这种想法完全错误,因为潜能就像是原子反应堆里的原子一样,看起来平淡无奇,一旦发生反应,马上就会爆发出惊人的能量。试想,如果你的潜能如同原子反应堆一样迸发出能量,那么你的人生就会如同火箭推进器一样,飞向外太空。

有心理学家经过研究发现,即使是那些举世闻名的伟大科学家,也只用了人生的很少一部分能力。可想而知,作为普通人,当他激发出所有潜能时,很有可能成为被苹果砸中的牛顿,也有可能成为给整个世界带来光明的爱迪生,更有可能成为与众不同、出类拔萃的自己。从心理学的角度而言,相信是一种力量,相信的力量可以改变一切,让所有事情都变得截然不同,也能创造生命的奇迹。因而即使作为普通人,我们也要相信自己的力量,认定自己一定会有所成就,变得卓尔不凡。

通常情况下,一个人想要考上心仪的大学,获得相关的学位,找到心仪的工作,都是很困难的。殊不知,这都是因为没有完全发挥潜能导致的。一个人的潜能被调动出来时,能做出很多自己没料到的成就。潜能如同一头沉睡的狮子,潜伏在我们的生命深处。我们要做的就是唤醒这头睡狮，从而让一切都变得卓尔不凡。相信自己的潜能，我们还能创造奇迹，让生命在极度的绽放之后，变得绚烂多彩。

美国人梅尔隆在一次战争中被流弹击中，导致脊椎神经受到损伤，双腿失去行走的能力。就这样，梅尔隆不得不坐在轮椅上，他感到非常懊丧，甚至觉得自己的一生彻底完了。拿着国家津贴的梅尔隆过着醉生梦死的生活，他每天白天宅在家里，到了傍晚，就会去小酒馆喝酒，直到夜深才回家。家人看到梅尔隆这样的状态都很担忧，却不知道应该如何才能更好地帮助他。

有一天，梅尔隆跟往常一样在酒馆喝酒，直到凌晨才回家。走到一条偏僻的路上时，他被三个小混混拦住去路，原来这些小混混看到梅尔隆是残疾人，腿脚不便，就动了抢劫的念头。小混混试图抢走梅尔隆的钱包，梅尔隆开始大喊大叫，想尽办法挣扎和反抗。小混混们很生气，合力把钱包抢走之后没有放过梅尔隆，把梅尔隆的轮椅点着了。轮椅借着风势，燃烧很快，看着肆虐的火苗在自己身边嚣张，梅尔隆的内心升腾起深深的恐惧。他想：好死不如赖活着，我可不想死在几个名不见经传的小混混手里啊！情急之下，梅尔隆居然站起来开始奔跑。他跑得跟跟跄跄，毕竟他已经很久没有走路了，但是死亡的恐惧加快了他的速度，让他很快就跑到一条街之外，终于，他不但摆脱了小混混，也摆脱了着火的轮椅。等到自己安全了，平静下来的梅尔隆被自己吓住了："我是怎么了？怎么突然之间能走路了呢？"他转念一想："如果我不跑，就会被活活烧死。"从此，梅尔隆有了信心，摆脱了轮椅，像所有正常人一样生活。

正是对死亡的恐惧，激发起梅尔隆强烈的求生意志，也让梅尔隆迸发潜能，努力奔跑。由此可见，潜能的力量是巨大的，我们只有想方设法激发潜能，才能让自己变得与众不同。

四、实现梦想的道路上,没有人能替代你

在日本有两位老太太,其中一位老太太不愿意安逸地度过生命中剩下的时光,因而为自己树立了一个目标,那就是亲自登上日本富士山。为此,她不顾众人反对,开始学习登山技巧,而且在自觉准备充分的前提下几次尝试着登山。虽然都以失败告终,但她却从未放弃。直到多年后,老太太终于成功登上富士山,创造了世界上最高龄登山纪录。而另一位老太太呢,觉得自己已经很老了,已经过了追求理想和目标的年龄了,是时候颐养天年了。于是,她每天重复着单调又平淡的日子,静等死神一天天逼近。终于,在过了十几年之后,这位老太太就与世长辞了。不得不说,这两个老太太的不同命运,告诉我们一切的可能性其实掌握在我们自己手中。如果我们心中懈怠,毫无希望,那么生命也会颓废沮丧,无法振奋精神。如果我们始终盯紧自己,让自己能够从容坦然地面对时间的流逝、光阴的流淌,也能够振奋精神,努力延缓衰老的速度,与生命赛跑,那么我们在生命之中就会有与众不同的成长,也能卓有成效地创造生命的奇迹。

拥有魅力口才,才能口吐莲花

在心理学领域,心理专家提出了首因效应说,意思是说第一印象在人际交往中起重要作用,如果第一印象很好,那么人际交往就会更加顺利;如果第一印象不好,则交往会面临很多困难,我们也无法给人留下好印象。除了形象之外,还有什么是增强自身魅力的关键要素呢?那就是言谈举止。毋庸置疑，彬彬有礼、不卑不亢的言行，是需要通过提升自身素质才能呈现出来的。尤其是语言，因为都是即时发挥去表达，所以往往带有更大的随意性，更能彰显一个人的素质和涵养。

不得不说，语言具有神奇的力量，当灵活机智地运用语言，就能化解尴尬，让冷场变得温暖，让人际关系有效缓和；当言语犀利、尖酸刻薄，就会瞬间消除人的信心，使人内心感到无助和绝望，任由命运的魔爪随意摆弄……总而言之，语言是一把双刃剑，既可以起到积极的重生作用，也可以起到消极的毁灭作用。要想把语言运用得恰到好处，我们就要深入了解，熟练运用语言，也要知道我们所面临的是怎样的交流对象和人生境遇。唯有如此，我们才能把语言运用得恰到好处，也让语言起到事半功倍的作用。

有人说，语言是思想的外衣，这句话非常有道理。所谓言为心声，一个人说出怎样的话，往往意味着他的心里有怎样的思想在流淌，也在一定程度上彰显他的素质和涵养。尤其是在现代社会，人脉资源已经成为非常重要的社交资源，懂得运用语言的人就像是把握住人生脉搏，能让自己在人生中面对很多情况的时候都能占据主动。此外，在社会交往中，善于运用语言的人往往有好人缘，因为语言是人际沟通的桥梁，唯有把语言运用得好，心与心之间才能顺畅地沟通。所以作为一个优秀的健谈者，我们一定要打造语言魅力，最大限度发挥语言的魔力。

在成为美国总统之前，林肯在很长一段时间里都从事律师工作。他非常正直，也有社会的公德心，每当看到穷人需要打官司，他都会解囊相助。有一天，林肯正在律所里伏案疾书，有一个白发苍苍的妇人来到律师，坚持要见林肯。她是一名士兵的遗孀，享受国家为了照顾烈士遗孀发的抚恤金。抚恤金并不多，只有几百美元，但就是这么少的钱，也被负责的官员每次克扣掉一半的抚恤金。原本就生活艰难的老妇人，生活更加捉襟见肘。听完老妇人的哭诉，林肯怒火中烧，当即表示要免费为老妇人打官司。

当然，林肯也很清楚，民告官获胜的难度很大，为此他在开庭之前进行了大量的准备工作，还通过读史书，帮助自己理清思维的脉络。开庭那天，林肯抛开这个小问题不谈，而是从美国的独立战争开始说起，由此把旁听的人都带入战争的情境之中。正当大家都沉浸在为自由而战的激动情绪中时，林肯突然话锋一转，怒目以视，瞪着那位克扣烈士遗孀抚恤金的官员，在场的人们马上群情激奋，纷纷指责那位官员。趁着大家都慷慨激昂、怒不可遏的时候，林肯义正词严地呼唤："时代发展到今天，正是因为有了烈士们奋不顾身地浴血奋战。如今，烈士已经在天国，但是看着他孤苦无依、生活艰难的遗孀受到这样不公正的对待，他们英雄的灵魂能安息吗？我们的自由是烈士用鲜血和生命换来的，如今，我们要给烈士怎样的交代，才能让他们感到自己的付出是值得的呢？"听了林肯这番控诉和呼唤，就连法官也感动得热泪盈眶。可想而知，林肯赢得了这场官司，为老妇人赢得了该得的抚恤金。

如果不是开庭时唤醒民众对于美国独立历史的共鸣，林肯要想赢得这场官司恐怕要花费更大的力气。不过，林肯显然很善于运用语言，所以他才能找到最佳切入点，也才能成功地激发起每一位美国民众的爱国热情和对革命先烈的缅怀之情。

人们常说，会说的人说得人笑，不会说的人说得人跳。实际上，一个人是否会说，的确会在人际沟通中带来天壤之别的效果。有的时候，即使是同一句话，换作不同的人去表达，或者是同一个人以不同的方式去表达，起到的效果也是完全不同的。为此，一个人要想打造自身的魅力，就一定要掌握熟练运用语言的技巧，能够真正打开他人的心扉，与他人顺畅快乐地交往。尤其是在现代社会复杂的人际关系中，语言除了沟通之外，也起到融洽关系的重要作用。细心的人会发现，那些善于运用语言，能够发挥语言魅力的人，总是口吐莲花，在人际交往中如鱼得水。

朋友们，一定要记住，我们不仅以衣品和行为来打造自身的魅力，也要以语言来打动人，从而把一切都做得恰到好处，游刃有余。当然，提高语言能力也并非朝夕之间的事，可以从以下几个方面入手：

首先，说话要区分时间和场合，也要因人制宜。很多人说起话来不管不顾，既不懂得区分时间和场合，也不懂得区分交谈对象，最终导致在与他们沟通时陷入尴尬冷场，使得沟通事与愿违。

其次，在日常生活中，要多多积累语言的素材，可以多看书，多看新闻，也要多多体察不同的人细微的心理区别，这样才能见什么人说什么话，也让话题信手拈来，沟通顺畅无比。

最后，提升语言能力，还可以进行专项训练，例如当众演讲、诗歌朗诵等，都是提高语言表达能力的好方法，都是可以多多去做，从而有效提高语言表达能力，也越来越熟练地运用语言的利剑。

拼尽全力，打造人生长板

在管理学领域，有一个著名的"木桶理论"。因为一个木桶上，哪怕所有板都很长，只有一块板很短，也会导致这个木桶产生缺口，无法以长板的长度容纳更多的水。当把这个理论直接生搬硬套到人的身上，却不那么恰当。所谓尺有所短，寸有所长，人人都有优点和长处，也有缺点和不足。木桶理论告诉我们，一个人即使有很多优点，但如果有致命的缺点，那么他就无法获得成功，因为这个缺点会限制和禁锢他的发展，使他始终和失败纠缠，无法获得成功。在这种情况下，与其花费宝贵的时间和精力去弥补短板，让自己取得均衡发展，却很平庸无奇，不如把更多的时间用于发展自己的长处，这样才能让自己以独特的优势区别于他人，也得到重用和珍视，变得不可替代。当然，这么做的前提是那块短板并非致命的缺点，否则就要战胜短板，再去打造长板。在短板并非那么致命的情况下，我们理应扬长避短，取长补短，才能最大限度地改变命运，创造属于自己的美好未来。

现实生活中，有很多人常常喜欢拿自己的短处与他人的长处相比较，却不知道这样做会扰乱自己的内心，变得沮丧和自卑。我们固然不能狂妄自负，自高自大，也要客观公正地认知自己，保证自信心和自尊心，这样才能过得更好。在认知自我的基础上，我们还要集中所有精神和力量，努力把一切做得更好。看到这里，也许有人会问：人不是应该均衡发展吗？这完全是误解，细心的人会发现，在学校里接受系统学习的过程中，只有基础教育阶段才要求均衡发展，而等到升入高中，就会文理分科，等到升入大学，又要术业有专攻，培养专业的人才。这样，每个人才能在自己擅长的领域做出最好的表现，取得更大的成就。

亨特喜欢写作，他最大的梦想是成为一名作家。因为经常看文学杂志和报刊，亨特发现有个叫约翰的人总是在各大杂志和报刊上发表文章，而且他文风多变，写作涉及的内容和题材都很广泛。渐渐地，亨特把约翰当成自己的榜样，始终督促自己努力上进，争取成为和约翰一样高产且全面发展的作家。

约翰的作品继续频繁被印刷成散发着油墨清香的书籍、报刊，呈现在亨特面前，这也是在以无声的语言激励亨特继续努力，决不懈怠。亨特每天都在努力地写啊写啊，有时候他也会感到疲惫，可是一想到约翰的作品，他就浑身充满动力。然而，这样笔耕不辍地写了几年之后，亨特越来越绝望，因为他发现随便打开一本杂志，都能看到约翰的文章持续发表，而自己却没有。

为此，他开始怀疑自己，也渐渐意识到自己根本不适合写作。后来，亨特不得不放弃遥不可及的梦想，成为一名普普通通的工人。光阴荏苒，转眼之间，亨特老了。退休的他搬到一个环境清幽的小区居住，恰好和曾经他经常投稿的杂志社编辑成了邻居。有一天，亨特在收拾东西的时候，看到了几本泛黄的杂志，翻开杂志，约翰的名字又出现在他的面前。他实在忍不住，拿着杂志去问邻居："您之前就在这家杂志社工作，认识这个叫约翰的作家吗？"

编辑很奇怪："你问他做什么？"

亨特沮丧地说："我曾经梦想着成为他那样的高产作家，虽然笔耕不辍，努力了好几年，依然觉得即使一直努力下去也难以望其项背，最终放弃了文学梦。我只是想知道他是怎样的人。"

编辑听后哈哈大笑起来，说："约翰不是一个人，而是所有无名作家的统称。我们杂志社里有一个不成文的规定，为了有效区分无名作品，就统一将其作者标注为'约翰'。"

听完编辑的话，亨特惊讶极了，原来他不是没有写作的天赋，而是被一个根本不存在的对手打倒了。这下子，亨特终于明白为何自己累死累活也达不到约翰的高产和多变风格，原来约翰根本不是一个人！

现实生活中，很多人都会给自己树立一个榜样，从而努力向榜样看齐。当然，从心理学的角度而言，有活生生的榜样很有好处，这样可以不断地激励自己努力向上，也可以让自己拼尽全力去成就自己。但是，就像父母过高的期望会给孩子带来巨大的压力，甚至导致孩子破罐子破摔一样，当成人给自己树立不可能实现的梦想，也往往会让自己心力交瘁，最终无法在实现梦想的道路上继续坚持下去。所以树立榜样固然好，却要留神树立能够对自己起到积极推动作用的榜样，这样才能最大限度地激发出自身潜能，也在生命中有更好的表现。

不得不说，每个人都有主观性，没有人能够完全摆脱主观对于自己的影响。在看待客观外界的人和事物时，人们也会情不自禁地带有浓烈的主观色彩和感情。当这种感情是积极的接纳，人们就会更认可自己，也愿意在成长的道路上相信自己，激励自己；当这种感情是消极的拒绝和抗拒，人们就会不由自主地否定自己，也导致自己在发展的道路上遭遇很多源自内心的阻力和压力。试想，一个人如果根本不愿意认可和接纳自己，他能生活得快乐吗？他能坚持努力，得到自己想要的一切吗？当然不能！

当然，成功从来不是一件简单容易的事情，也不是一蹴而就能获得的。任何时候，一个人并非接纳自己就一定能成功，但是如果不接纳自己，就很难获得成功。只有自信的人才能保持积极向上的心态，在遇到困境的时候也决不迟疑地勇敢向前。反之，一个人如果自卑，哪怕看着机会就在他的身边逗留，他也会因为迟疑不定、缺乏自信而眼睁睁看着机会溜走。所以对于每个人而言，自卑是最大的障碍，要相信自信的力量，才能在人生的坎坷泥泞中勇敢向前，无所畏惧。当一个人无形中觉得自己比别人矮半截，未必是因为别人太高，而有可能是把自己看得太低。所以，我们要相信自己，积极地肯定和愉快地接纳自己。唯有如此，我们才能具备成功的更大要素——自爱、自尊、自重、自信。否则，不停地抱怨就会赶走成功，导致我们与成功失之交臂。

五、坚决铲除坏习惯，努力养成好习惯

坏习惯就像是人生河流底部凹凸不平的石头，也许一个石头无法改变河流的走向和流淌的速度，但是当石头越积越多，河流的走向和流淌的速度就会被改变。所以，要想在人生之中快速成长，获得成就，就要坚决铲除各种坏习惯，努力培养自身的很多好习惯，从而给人生助力。

不拖延，让人生事半功倍

现代社会很多人似乎都患上了严重的拖延症，他们不管做什么事情都拖拖拉拉，磨磨蹭蹭，甚至连按部就班都做不到。有人说，生命是一场不知道终点的旅程。这个比喻很贴切，因为没有人会知道生命最终将会走向何处，也不知道生命会在什么时候戛然而止。基于生命的这种特质，每个人唯一能做的就是努力过好生命中的每一天，从而让人生无怨无悔。曾经有人提出要把生命中的每一天都当成最后一天去过，不留遗憾。

拖延与现世主义思想却是背道而驰的。拖延的人，不愿意第一时间就处理好生命中遇到的很多事情，也不想让自己的人生面对太多的困厄。他们躲在岁月静好的谎言里，把那些必须完成、应该完成的事情都无限拖延下去。还有些人之所以拖延，是因为过度未雨绸缪。他们总是谨小慎微，想在真正做事情之前就把很多糟糕的情况设想好，并且做好预案，殊不知任何事情的发展都是随机的，瞬息万变的。与其在没有开始之前就因为思虑过度结束，还不如当机立断开始，因为事情的走向既可以朝好的方向，也可能朝坏的方向，因而努力去做，反而有更大成功的可能性。还有些人在做事情之前总是无限度地准备，最终因为准备工作拖延，而错失最佳时机。这些原因，都是人们拖延的原因，也是应该努力避免的。

富兰克林说过，永远也不要把今天的事情因为任何理由拖延到明天去做。原因很简单，明天还有明天的事情需要去做，如果把事情堆积起来，我们就会分身乏术，精力不济。而且一旦养成拖延的坏习惯，在面对很多事情的时候,人们都会因为惰性而拖延。从这个角度而言,一个人要想改变拖延的习惯,就必须当机立断,马上行动,哪怕在真正做事情的过程中遇到困难,也可以随机应变地去解决问题。一切问题比起停滞不前,都是不值得畏惧的。例如你想给朋友打个电话,那么就马上去打,而不要告诉自己"明天再打";你想带着妈妈去吃一顿美味的食物,那就马上去吃,不要告诉自己"等发了工资再带妈妈去"……

很多事情都讲究时机,拖延最糟糕的后果就是错失良机,那就只能徒然懊悔,却于事无补。要想真正戒掉拖延的习惯,我们就要更加雷厉风行一些。记住,哪怕是从失败中得到经验和教训,也比什么都不做、彻底失去成功的可能性来得更好。

小郑和小王是大学同学。大学毕业后,他们同时竞聘进入一家公司工作。小王是家里的独生子,从小娇生惯养,很多事情都习惯于接受照顾。小郑的家在偏僻的乡村,家境贫寒,因而从小就吃苦,更加自立。转眼之间,三个月的试用期快到了,为了考察小郑和小王的工作能力,老板分别交给他们同一份工作任务,也给了他们同样的时间完成任务,都是一个月。

老板的任务刚刚布置下来,小郑就马上开始准备。小王呢,则优哉游哉,丝毫不着急。小王其实是胜券在握,因为他觉得自己家庭环境更好,视野开阔,能力也更强,老板只是走一走过场,肯定会聘用他。小郑知道自己家境贫困,从小没有受到全面的教育,所以他坚信勤能补拙,也知道自己唯独有勤奋。

为了完成老板的任务,小郑原本有几年前的数据可以用,但是却没有使用那些陈旧的数据,而是搜集资料,整理最新的数据。眼看着20天过去了,小郑终于完成初步的准备工作,开始着手完成项目。因为前期准备充分,小郑的项目进展顺利,很快到了最后的写项目报告阶段。有一天,小王漫不经心地问小郑："郑同学，你的项目报告完成了吗？"小郑回答："完成三分之二，就剩下结尾了。"小王问："可以给我看一看吗？找一点儿灵感。"小郑觉得与小王是同学，而且小王都亲自张口了，不好意思拒绝。后来，到了向老板汇报工作的时候，小王主动提出先汇报。听了小王的汇报，小郑如同遭遇晴天霹雳。原来，小王的数据和小郑一样！看着小郑脸色煞白，小王暗自得意："对不住了，郑同学，谁让你这么勤快，先把报告做出来呢。"

原来，小王把一个月的时间拖延过去大半，考虑到亲自完成项目根本来不及，所以他索性继续玩下去，而想出这样的损招窃取小郑的劳动成果。原本小王以为小郑必败无疑，没想到小郑上台汇报工作的时候，先展示了很多原始数据，然后再提出自己精心总结的数据。最终，小郑还拿出了自己新近完成的报告中后三分之一的关键数据，从而让聪明的老总一目了然，马上就知道了是怎么回事。后来，小王虽然跟老总解释自己是因为拖延才导致工作延误，不得不出此下策，老板却心意坚决要辞退他，说："我最喜欢当机立断展开行动的员工，能力差一些，眼界狭窄一些都没关系，公司会提供机会给他们锻炼能力，开阔眼界的，但窃取他人成果是绝对不可以的。"就这样，小郑顺利留在公司，而且以严谨认真得到了老板的器重，而小王只能灰溜溜地走人。

在这个事例中，小郑胜在勤奋，具有当即展开行动的决心和毅力。小王呢，虽然有一些小聪明，却聪明反被聪明误，导致工作延误，最终以下下策结束毕业后第一份工作。很多事情，如果能做在前面，就不要做在后面，因为做在后面往往导致没有机会去调整和改正前面的失误与不足。而且做在前面还可以占据先机，让自己有充分的时间去准备。等到最后结束的时候再去做，只会导致自己非常被动，无法自拔。

人生永远没有假如，不要等到事情无法挽回的时候，"假如……""如果……"这些都是毫无意义的。正如一首古诗所说，花开堪折直须折，莫待无花空折枝。对于机会同样如此，必须在第一时间抓住，才能避免空留遗憾。

《明日歌》里写道："明日复明日，明日何其多。我生待明日，万事成蹉跎。"人生有无数个明天，如果不抓紧时间，这些明天终究会变成空洞的、无法改变的昨天。珍惜时间的人都知道，人生只有三天，那就是昨天、今天和明天。昨天已经过去，成为无法改写的历史；明天还未到来，没有人能预知明天将会发生什么事情，唯一剩下的就是今天。把握住今天，充实地度过今天的宝贵时光，我们才能拥有充实可追忆的昨天，才能拥有美好的明天。因而要想戒除拖延，我们就要做到今日事今日毕，从而让明天更从容，也更充实。

不焦虑，期待人生如花绽放

在现实生活中，很多人都深受焦虑的困扰，他们总是会产生各种各样的担忧，因此非常颓废沮丧。实际上，有些焦虑根本毫无意义。曾经有科学家针对焦虑进行实验。他要求实验对象把焦虑写在纸上，并且标注自己的姓名，然后他把纸都收集起来，等到一段时间之后，再把实验对象召集起来，把这些写满焦虑的纸发给他们。事实证明，他们担心的事情十有八九没有发生，即使有几件事情真的发生，也并没有因为焦虑就使事情的结果有了很大的改变。这个实验结果告诉我们，很多焦虑完全是毫无意义的。与其陷入焦虑无法自拔，不如想明白其中的道理，从而彻底卸下焦虑的重担，积极地处理和解决问题，反而能让事情朝着更好的方向去发展。

从本质上而言，人生的很多烦恼都是自寻的。只要能把心态调整好，不要总是因为焦虑而让自己陷入困境，生命就能如花绽放。要想做到这一点，我们必须首先形成正确的认知，那就是每个人在生命的历程中都有可能遭遇各种各样的坎坷挫折，与其被动接受，不如主动接受。因为焦虑于事无补，反而会给我们带来沉重的心理负荷，所以要从容坦然，接受生命的馈赠。

临近考试，浩浩越来越焦虑。正在读高三的他，知道高考的成绩将会决定他的命运，最重要的是他不想复读，为此他紧张焦虑，寝食难安。有一天，已经到了凌晨，浩浩还在挑灯夜读。半夜起来去卫生间的妈妈看到浩浩房间的灯还亮着，忍不住推开门问浩浩："浩浩，你怎么还不睡觉？"

浩浩愁眉苦脸地说："人家不都说临阵磨枪，不快也光吗？我想再冲刺一下，我可不想复读高三啊！"

妈妈看到浩浩紧张忧愁的样子，语重心长地对浩浩说："浩浩，越是到了关键的复习阶段，你越是应该调整好自己的状态。你这样熬通宵，导致上课注意力不集中，记忆力也会严重衰退，岂不是得不偿失吗？你虽然多看了两个小时的书，但是状态可能会更糟糕。"

浩浩说："但是，我真的心里没底。"妈妈索性告诉浩浩："浩浩，其实学习不是一蹴而就的事情，你高考的成绩必然反映你高中三年的学习情况，而不是这几天的学习情况。你应该想，最坏的结果也就是复读一年，与其焦虑，还不如接受这个最坏的结果，然后坦然地拼尽全力，朝着最好的结果去努力。你觉得这样是不是更合理，也能够取得好成绩呢？"浩浩点点头，说："妈妈，我会努力睡觉的。"妈妈笑起来："你既不用撑开眼皮去复习，也不用努力睡觉，一切都按照常态去做，好不好？"浩浩点了点头。

五、坚决铲除坏习惯，努力养成好习惯

面对即将到来的高考，浩浩因为紧张焦虑，变得缺乏自信。实际上，妈妈说得很对，高考是对高中三年学习情况的检验，绝不是朝夕就可以完成的。与其因为焦虑而影响常态，还不如摆正心态，更加从容地应对复习和考试。超常发挥是可遇而不可求的，如果能够做到正常发挥，就已经非常棒了。所谓有心栽花花不开，无心插柳柳成荫，唯有端正心态，舒缓情绪，一切才能按部就班，水到渠成。

古希腊哲学家柏拉图说过，这个世界上，没有什么事情是值得过度焦虑的。然而，现代社会信息传播的速度很快，当看到某个幼儿园发生恶性伤人事件，当看到某个国家正在进行战争，当看到有人因为未知的原因身患疾病，总是有些人忍不住要对号入座，搅得自己心神不宁。这正应了人们常说的那句话，世上本无事，庸人自扰之。在那些糟糕的事情没有发生之前，我们为何不能保持平静的心绪坦然面对一切呢？尽管那些事情看起来很糟糕，让人非常懊恼，但是它们未必会发生。退一步而言，如果它们真的会发生，你的焦虑不安也无法阻止它们发生。既然这样，就要放宽心，从容理性面对这一切。

当然，如果你看到这篇文章的时候恰巧处于焦虑的巅峰，不要急于否定自己，因为这个世界上有很多人和你一样正在焦虑不安，惊恐忧惧。与其自寻烦恼被焦虑打倒，还不如调整好心态勇敢地面对一切。

为了缓解焦虑，在焦虑来袭的时候，不要与焦虑对抗，而是应该及时转移注意力，例如做一些自己感兴趣的事情，或者做一些能让自己感到心满意足、情绪愉悦的事情。为了让这样的事情更多一些，还应该有意识地培养自身的兴趣爱好，从而在焦虑的时候，以喜欢做的事情缓解情绪。例如读书、唱歌、绘画、弹钢琴、演奏小提琴、插花等，都是很不错的选择。喜欢运动的人，还可以进行一些运动项目，从而以身体上的酣畅淋漓缓解内心的焦虑不安，让自己更加淡然从容。

除此之外,对于某些事情的抗拒是导致焦虑的根本原因之一,对于这些不如意,如果我们能做到坦然接受,就可以保持平静的情绪。很多人因为已经发生、无法改变的事情与自己较劲,这恰恰是让他们焦虑的根本原因所在。试问,这样的抗拒有什么作用呢?答案就是毫无作用。因为事情已经发生,无法改变,一味地纠缠于事情本身,只会导致徒增烦恼而已。如果你觉得自己不够完美,那就多看自己的优点;如果你觉得自己拥有的不够多,那就多看看那些还没有自己拥有多的人。人要想平心静气地生存,最重要的在于获得内心的平衡。

总而言之,我们要学会忍耐生活的不幸运,也要坦然接受人生的不如意,从而让自己气定神闲,面对无法改变、只能接纳的事情。当你真的心平气和地接受,你会发现一切都在朝着好的方向发展,一切都给你出乎意料的惊喜。

不混乱,管理好时间

人生的长度是没有人可以预知,更无法控制,所以有人说,人生是一场没有终点的旅程,终点也许还很遥远,也许不期而至。但是有一点是肯定的,那就是每个人的人生都是有限的。对于有限的生命,我们要怎么做才能让生命变得充实,且无怨无悔呢?从本质上而言,人生就像一个长方形,如果长度是固定的,那么唯有拓宽长方形的宽度,才能增加长方形的面积。所以对于人生,要拓宽生命的宽度,才能让一切更有意义。有的人一辈子浑浑噩噩,到了生命终了的时候,才发现原来自己一事无成,虚度一生。也有的人一辈子很精明强干，总是争分夺秒地工作、生活，经历很丰富，人生的感悟也很深刻，这样一来，他们就相当于活出了虚度人生的人几倍的人生。

如何才能拓宽生命的宽度，让人生充实而有意义呢？那就是要管理好时间。正如鲁迅先生所说，时间就如同海绵里的水，挤一挤，总还是有的。鲁迅先生还说，时间是组成生命的材料，浪费别人的时间无异于谋财害命。总而言之，不管从哪个角度来说，我们都要珍惜时间，提升时间的利用率，从而让时间充实度过。

和每一天、每一年的时间相比，人生无疑是漫长的时间过程。那么，我们可以根据长期目标、中期目标和短期目标，把时间进行合理规划。有人说，一年之计在于春，就是说要在每年的春天做好一年的计划，才不会虚度这一年的光阴。相应的，一日之计在于晨，我们也要在每天早晨做好一天的计划，才能争分夺秒、充实有序地度过一天的时间，绝不浪费每一分每一秒。对于人生，我们可以制订长期计划，计划在十年或者几十年的时间里要达到怎样的高度和目标。然后，再把这个目标进行分解，分解为三到五年的中长期目标，每一年的中期目标，和每一天或者每一周、每一个月的短期目标。这样环环相扣，目标才会一点点实现。

人们都说"千里之行，始于足下"，既然如此，我们不妨认真想一想，怎样充实地度过人生的每一天，从而让人生始终坚持奔向目的地。为了珍惜一天的时间，很多有计划的职场人士都会准备一本工作日志。他们每天都按部就班地完成工作日志上根据轻重缓急列举的很多事情，也会把次日甚至后来一段时间内需要完成的事情及时写在对应的日期。为了有形式上的庄严感，他们每完成一件事情，还会划掉那个事项，当看着工作日志上需要完成的事情越来越少，他们也会产生自豪感和成就感，因而以小小的成功喜悦激励自己，继续努力，再接再厉。

当然，如果提前做好的计划有突发情况，也可以根据事情的轻重缓急进行及时调整，尤其对于那些在特定时段需要完成的事情，一定要做出特殊标志，谨防忘记。为了让工作进行得更有条理，秩序井然，我们还可以清理那些不需要用的文件，并且时刻保持办公桌的干净清爽。人的很多方面都是息息相关的，我们很难想象一个思维混乱、办公桌凌乱不堪的人，会在工作上秩序井然。当然，如果你是伟大的科学家，你需要以混乱的表现形式来刺激自己的思维，则另当别论。

如果繁杂的事情实在太多，使用表格是一个很不错的选择。表格总是看起来干净清爽，也让人一目了然。当然，当你发现自己的能力还有很大的提升空间，速度也可以继续提升时，不妨为自己制定一个完成某件事情的最后期限，这样可以起到时刻督促自己的作用，从而让工作完成得更加顺利。

作为一名新晋妈妈，刘涛在怀孕期间打定主意要把孩子交给保姆带，而她则在休完产假之后正常工作。然而，在看到小生命的那一刻，刘涛的心突然柔软，她觉得无论什么样的工作都不如眼前这个小人儿更加重要。为此，她决定辞掉工作，在家陪伴孩子3年。

刘涛原本是一名编辑，在公司领导的极力挽留下，刘涛决定采取兼职的方式，用零碎的时间继续工作。原本刘涛以为自己一定有很多时间可以写作，但是在家里当了三个月奶妈之后，刘涛才知道可利用的大块时间根本没有，而零碎的时间又很难整合起来统一利用。就这样，原本领导安排给刘涛编辑一本书的任务，刘涛从两个月延长到三个月，又从三个月延长到半年，始终都没有完成。在领导的一再催促下，刘涛也意识到自己的确太不像话，因而给自己规定了时间，在一个月内必须完成这本书。为了保证进度，刘涛把写作任务平均分配到每一天，并留出时间以应付意外。在艰难的坚持之下，刘涛终于成功完成计划，把拖延了半年多的稿件交给领导。后续的工作中，刘涛再也不敢放纵自己，对于接下来的工作任务，她都合理安排时间，制订计划，按部就班地每天循序渐进地去完成，而丝毫不会寄希望于关键时刻的加班。

事例中的刘涛眼看着就要把原本规定两个月完成的工作任务拖延到一年去了。对于新手妈妈而言，有很多突发状况需要解决，陪伴孩子也需要很多精力。但是既然决定要兼职工作，实现自我价值，就必须制订严谨的计划，这样才能按部就班地完成工作。否则每天都无限度地拖延下去，最终只会导致完成工作遥遥无期，也会给领导留下不好的印象。

时间是永远也不够用的，在朱自清的《匆匆》中，时间悄然流逝，一去不返，再也回不来。前几年，一首《时间都去哪儿了》的歌曲红遍大江南北，就是因为歌词唱到了无数人的心坎里。生命是有限的，没有人知道这个限度在哪里。与其因为时间的悄然流逝而懊丧，还不如努力把握时间，想尽一切办法珍惜时间，这样才能最大效率地利用时间，主宰生命，成为生命当仁不让的主人。

 不懒惰，以勤奋弥补不足

有人说，笨鸟先飞，是因为鸟儿知道自己笨，所以就付出更多的努力。也有人说勤能补拙，这句话告诉我们，一个人哪怕笨一点儿也没关系，最重要的是要能够积极主动地努力，从而弥补自身的缺点，给自己的人生更多成功的可能性。遗憾的是，现实生活中，有太多人的太懒惰，已经习惯了拖延，习惯了把当机立断该做的事情放到很久之后才去懈怠地解决和处理。不得不说，这种状态对于人生是非常糟糕的，因为会让人生变得慵懒，使人生毫无希望可言。

一个人要想有所成就，要想让人生抓住合适的契机去蓬勃发展，就一定要戒掉拖延的坏毛病，当机立断展开行动。在这个世界上，并非人人都有得天独厚的条件，也并非人人都能最大限度地激发生命的潜能而有所成就。有的时候，必须是依靠点点滴滴的积累和持之以恒的努力，才能经由从量变引起质变的过程，才能逐渐把勤奋也作为一种习惯。

古往今来，有很多人出类拔萃，在历史的长河中留下浓墨重彩的一笔。实际上他们并非如大多数人所想象的那么聪明，充满智慧，更不是独具天赋。但他们都有一个共同点，那就是勤奋。曹雪芹写出了中国四大名著之一的《红楼梦》，这是他笔耕不辍多少年努力和心血的结晶。所谓"一勤天下无难事"，对于每个人而言，勤奋都是一所学校，只有从这所学校里毕业的人，才能获得梦寐以求的成功，也才能不断地积累知识，勤学好问，让自己变得渊博多才。

从古到今，勤奋都是获得成功的必经之路。在现代职场上，如果一个人不懂得勤奋，就会渐渐地让自己的一亩三分地荒芜。这个世界上从来没有天上掉馅饼的好事，也没有一蹴而就的成功，每个人要想成功，就只能勤奋努力，坚持不懈。很多人讴歌蜜蜂，也是因为蜜蜂非常勤奋，每天都嗡嗡嗡地飞来飞去，辛苦地采蜜。有人赞美蚯蚓，是因为蚯蚓每天在泥土里穿梭，让泥土变得松散，让庄稼长势茂盛。作为现代职场人，我们也要学习蚯蚓深耕，学习蜜蜂勤劳，才能在工作或生活中有所成就。

作为日本的推销之神，原一平在年老的时候经常演讲，向人们传授他的经营秘诀。有一次演讲结束后，在提问时间，一个听众直截了当地问原一平："请问您，成功有没有秘诀？"

原一平毫不迟疑点点头，大声回答："当然有。"说完，他还当场脱掉

五、坚决铲除坏习惯，努力养成好习惯

自己的鞋袜，然后让提问者上台，观察他的脚底。看到原一平的脚底那么平滑，而且坚硬，提问者问："我可以摸一下吗？"

"当然。"原一平说，"我正准备请你摸一摸呢！"

摸完原一平的脚底板，提问者惊讶地说："你的脚底板为何会这么厚呢？"

听到这样的提问，原一平很满意，因为这恰恰说明提问者的观察力很敏锐。原一平骄傲地说："我的脚底板厚，是因为它的使用频率非常高，因为走路多，自然就变得厚了。"提问者恍然大悟，在场的听众也都发出唏嘘声。

作为推销之神，原一平并非在销售方面有特别的天赋，而是因为他非常勤奋，以勤补拙，成为整个日本推销行业的传奇人物。现实生活中，我们总是羡慕他人的成功，也理所当然地认为他人之所以成功，一定是有着独特的天赋和得天独厚的便利条件。殊不知，他人成功的光环背后，是长期坚持付出的努力和勤奋，所以说"天道酬勤"，多少成功都是用汗水、泪水，甚至鲜血换来的。

现代职场，刚刚大学毕业，或者步入职场没多久的人，因而缺乏经验，在公司里难免会进入"蘑菇期"。所谓蘑菇期，顾名思义就是躲在角落里不被人注意到的时期。有些年轻人因此郁郁寡欢，有些年轻人正好借助于这段时间养精蓄锐，积蓄力量，一鸣惊人。其实，不管对于缺乏经验的年轻人还是对于经验丰富的职场老人，勤奋都是通往成功的必经之路。唯有经过勤奋考验的成功，才是真正的成功。朋友们，请用你们勤劳的双手努力打拼吧，要相信你们的命运就把握在自己的手里，你们的未来也只有自己说了算！

不急躁，让人生逆流而上

不怯懦，以勇敢赢得更多机会

周星驰主演的《大话西游》中，有一段话火了很多年，被无数人所引用，这段话就是："曾经有一份真挚的爱情摆在我面前，可是我没有珍惜，等到失去的时候才后悔莫及……"这是影片的主人公对心爱女孩的爱情表白，实际上，不仅爱情需要把握最合适的好时机，人生也同样需要好时机。现代社会，生存压力越来越大，职场竞争日益激烈，每个人要想有所成就，就需要把握住机会。爱情需要机会，学习需要机会，工作需要机会，生活更需要机会。现实生活中，有太多人抱怨自己没有生在好时代，所以无法把握住那些千载难逢的好时机，这固然说出了机会的重要性，却也存在很多不合理之处。时势造英雄，又何尝不是英雄造就了时势呢？与其抱怨人生没有机会，不如最大限度地激发自己的潜能，这样就可以创造机会，给予自己更多的机会。

遗憾的是，有太多的人都在不知不觉中错失机会，等到幡然悔悟的时候，却发现机会已经悄然远去。机会出现的时候从来不会自我标榜，它们总是悄无声息地出现，还常常掩饰自己的真面目，只想着有缘的人能够当机立断抓住它们。也有人说，机会总是给有准备的人准备的，的确如此。很多人都是后知后觉，以至于手忙脚乱地企图抓住机会，殊不知，这已经晚了。机会既不露出真面目，也不向人们预示它何时到来，因而每个人都要处处留心，才能在第一时间就认出机会的真面目，当机立断抓住机会，利用机会成就自我。

五、坚决铲除坏习惯，努力养成好习惯

大学毕业后，马永波不想和其他同学一样四处奔波找工作，而是产生了创业的念头。对于马永波的选择，爸爸妈妈原本持反对态度，因为他们觉得马永波既没有资金，也没有经验。但是马永波还是提出向爸爸妈妈借用5万元钱，打算和同学一起开公司。爸爸妈妈很惊讶：5万元就能开公司吗？然而，马永波拍着胸脯向爸爸妈妈保证："放心吧，我一定好好做。"

直到公司悄无声息地开业了，爸爸妈妈才恍然大悟，原来马永波说的开公司就是在淘宝上开了个店铺，也不需要租房，而是占用了家里的一间卧室。看到儿子每天都窝在家里，爸爸妈妈很着急，不知道儿子未来的前途将会如何。半年时间过去了，爸爸妈妈明显发现儿子和同学发快递的量越来越大，忍不住询问经营情况。马永波骄傲地说："爸爸妈妈，我已经注册了公司，准备开几个连锁店铺了。"

爸爸妈妈问："你这样天天窝在家里，也能把生意做好？"马永波费了很大的劲儿，才向爸爸妈妈解释清楚了他开店的原理。短短几年的时间过去，马永波不但在网络上有了十家连锁店，两个天猫店铺，而且还在线上开办工厂，生产简单的产品，诸如婴儿的三角巾、肚兜等。在毕业五年的同学聚会上，很多同学都已经开始跳槽，依然在为找工作而烦恼。唯独马永波和合作的同学成了不折不扣的小老板，而且事业发展很好，稳步上升。

在很多人还不知道淘宝为何物的时候，马永波就已经抢先一步借助淘宝的平台当上了老板，做生意。因为时机选择得好，所以发展也很好。当然，这其中一定会经过很多磨难，他也经历了漫长时间的摸索，才能把事业做得风生水起。

很多人在看到别人成功的时候，总是羡慕别人始终能够把握机会，羡

慕别人有好运气得到机会的青睐，却没有看到别人为了得到机会付出的努力，更没有看到别人为了创造机会而绞尽脑汁。机会对于每个人都是平等的，只有真正努力且随时随地做好准备的人，才能最大限度地抓住机会，拼尽全力利用机会创造自己的人生。

很多时候，人生的巨大转折并非出现在关键时刻，而是出现在平时漫不经心的小事之中。因而，我们要想抓住机会，不要只盯着大的机会，小的机会也同样值得我们关注。

不盲目，以计划让人生按部就班

如果把人生比喻为在大海上航行，我们每个人都是一艘小小的生命之舟。有计划的人生具有明确的方向指引，始终向着目的地前行，而没有计划的人生则失去方向的指引，在漫无边际的大海上四处漂荡。成功学大师曾经告诉我们，一个人唯有拥有明确的目标，且根据目标制订详细可行的计划，才能最大限度地提高成功的概率。相比起从不制订计划的人，制订计划的人成功的概率能够提高三到四倍。细心的人也会发现，在诸多的成功者之中，制订计划的人占有很大的比例，这都是因为计划能够提升做事情的效率，也可以督促人们坚持按照计划去做事情，从而起到良好的效果。

如果说制订计划是成功的第一步，那么坚持计划则是成功的第二步，也是至关重要的一步。很多人在制订了人生计划之后，总是没有足够的毅力和顽强的意志力去执行计划。不得不说，这样是根本不可能获得成功的。要想成功，我们就要坚持到最后一刻，否则，哪怕付出99%的努力，而只有1%的努力没有达成，也不算成功。

一个人要想成功，就必须坚持执行计划。如果计划本身没有问题，就不要中途改变计划，更不要因为自身原因而随意终止计划。否则，成功的概率就会大大降低，甚至变成零。伟大的成功学大师拿破仑曾经在20年的时间里采访了美国500多位成功人士，最终，他得出了17条成功定律，而目标明确、制订计划，正是成功的定律之一。人人都渴望在一生之中获得更好的发展，也希望自己的人生璀璨夺目，而成功从来就不是一蹴而就的，更不可能从天而降。每个人通往成功的道路也许不同，但是其中的艰难坎坷却是相同的。你具备成功的潜质吗？你已经开始明确目标和制订计划了吗？

作为高中时期的好朋友，很多人误以为李娜和李薇是一对姐妹花。实际上，她们只是关系很好，友情深厚，而且很喜欢"出双入对"而已。这对好姐妹学习成绩不相上下，高三填报志愿时，报了同样的志愿。最终，她们如愿以偿考入同一所大学，继续当堪比姐妹花的好同学。

不过，虽然名字只有一字之差，李娜和李薇的家境却相差甚远。李娜的爸爸妈妈都是知识分子，家境优渥，而李薇的家在偏僻的农村，家里经济条件紧张，生活穷困。为了以读书改变命运，李薇即便考上大学也没有懈怠，而是继续努力学习。她为自己制订了严格的计划，每天都要读、背英语，每天都要跑步健身，每天在学习好课堂的内容之外，还要坚持自学一些课程。看到李薇如同苦行僧一般的生活，李娜常常劝说李薇："都已经千锤百炼考入大学了，就不要这么辛苦拼搏了，好吗？放松一些，大学反正能毕业。"每当这时，李薇总是对李娜说："娜娜，我家的情况你也知道，父母辛辛苦苦供我读书，我不能让他们失望。你家里条件好，怎么样都可以，回家也会有好的工作，我只能留下来，打拼自己的未来。"就这样，4年的光阴转眼即逝。到了大四下半学期，同学们都在辛苦努力地找工作，李薇已经收到了好几家公司的聘用通知书。原来，优秀自律的李薇在4年时间里始终努力向上，实现了华丽蜕变，成为不折不扣的城市白领了。而李娜呢，因为玩过了4年的时间，毕业后毫无竞争力，所以她只能在父母的安排下回到家乡，进入一家事业单位工作，过着按部就班的生活。

等到10年同学聚会上，已经成为职场女精英的李薇，和在家乡生活平淡如水的李娜，早已不可同日而语。

在这个事例中，李娜和李薇原本是处于相同起点的姐妹花，也是好同学。从家境方面而言，李娜占据优势，也有更加便利的条件去拼搏和努力。然而，就因为李娜在进入大学之初没有制定目标，考入大学就松懈，最终与目标明确、计划清晰的李薇之间有了天壤之别。这样的差别也导致她们的人生截然不同。

常言道："树活一张皮，人争一口气。"所谓气，从本质而言就是人的精气神。一撇一捺写成的"人"，既要有形体的支撑，也要有精神的支柱，才能在很多情况下都保持傲然屹立。否则，面对充满艰难坎坷的生活，面对人生不可避免的困境，人们如何全力以赴去战胜困难，赢得生命的尊严和收获呢？

具体而言，在明确人生目标、制订人生计划的时候，可以从以下这几个方面做起：

第一，要确定人生的理想。所谓思想有多远，人生就能走多远。唯有树立远大的理想，人生才能在理想的指引下勇往直前。这个理想就是人生的标杆，既可以是具体要实现的目的，也可以是人生的提纲，总而言之，要以人生现状为基础，又要高于人生，才能对人生起到激励作用。

第二，要确定人生目标。如果说理想是泛泛而谈的，带有浪漫主义的色彩，那么目标则是在理想的指引下确定的具体生动的目标。如果说理想悬浮于现实生活之上，那么目标则是现实生活中的柴米油盐酱醋茶，带有更多的烟火气息，也会给人以更多的现实感。当然，人生目标总是不停改变的，很多人虽然确立了人生目标，却因为人生情况的改变，而不断发生变化。但是万变不离其宗，在确定人生目标之后，改变目标只限于调整，如果没有发生重大的变故，是不需要做出大的改变的。

第三，前文说过，如果不限定日期，要想快速完成任务几乎不可能。所以在制定目标和计划之后，最重要的是能够展开行动，坚持去做，而不是漫无目的，任由自己懒散和拖延。为了讲究效率，提高时效性，还要限定时间。当然，如果此前制订的是长期目标，那么可以将其分解为中期和短期目标，从而要求自己必须在规定时间内完成。很多小事，坚持得时间久了，就会产生质的变化，变成大事；很多看似不起眼儿的事情，坚持下来，也能起到积极的效果和让人震惊的作用。正如人们常说的，不忘初心，方得始终。每个人都要牢记自己最初的梦想，也要坚定不移地执行计划，才能把一切做得更好。

 ## 不恐惧，以坚强战胜内心的不安

人们常常会感到恐惧，甚至有人说恐惧是人生的本能。不谙世事的孩子正是通过本能的恐惧，才能让自己远离那些潜在的危险，这也是本能提醒他们趋利避害。然而，随着不断地成长，一味地恐惧显然已经不足以应付人生，所以很多人开始有意识地战胜内心的恐惧，历练自己的心，让自己变得坚强起来。

有的时候，人们被恐惧禁锢，觉得自己无论如何也无法摆脱恐惧。但是实际上，战胜恐惧就在一念之间，因为恐惧归根结底来自人们的心。常言道，心若改变，整个世界也随之改变。所以我们说，唯有心态改变，我们的行为表现才随之改变。否则如果总是被内心禁锢住，自己就会成为自己最大的敌人，导致很多事情都无法继续进行下去。

在人的心中，恐惧无处不在，当一个人感到恐惧时，他就会因为很多事情而被动沮丧，绝望无助。有的人害怕陌生人，与陌生人见面或者搭讪都会感到恐惧；有的学生害怕考试，一到考试的时候就恐惧得无以复加；有的人总是故步自封，恐惧新鲜事物，一旦看到新鲜事物就会马上否定自己，不愿意拼尽全力去努力学习，更不想积极主动地接受新鲜事物。总而言之，对于他们而言，一切都是值得恐惧的，让他们内心胆怯，畏缩不前。

想战胜内心的恐惧，就要进行心理建设，要告诉自己很多事情并非想象中那么可怕。当内心接纳了很多事情，恐惧的感觉也就没有那么强烈。当然，也要意识到胆怯和恐惧并非无法原谅。很多时候，即使是最勇敢的人，在命运的颠簸中也常常感到恐惧，这是人之常情，也是可以理解的。适度的恐惧可以让人保持镇定，而过度的恐惧则常常让人裹足不前。尤其是在遭遇挫折的时候，只有真正的勇敢者才敢迎难而上。实际上，初生牛犊不怕虎不是真正的勇敢，而是在意识到危险之后，依然能够迎着危险前行，战胜内心的恐惧而表现出英勇的一面，这才是真正的勇敢。

有一段时间，静若都活在担心和恐惧之中。她似乎患上了产前焦虑症，总是担心孩子的胳膊腿儿没长好，又担心孩子出生以后染上疾病，有的时候还会因为过度忧惧而莫名其妙地哭起来。看到静若这样，丈夫小凤常常带着静若去医院里进行产前检查，以帮助静若消除疑虑和困惑。过一段时间之后，静若又开始了这样的状态，小凤这才意识到静若也许是心态问题，因而为静若预约了心理咨询门诊。

在心理咨询门诊上，当了解静若的情况之后，医生让静若把一切担心的事情都写下来，这才发现静若担心的很多事情都是无法控制的。医生问静若："如今的产前检查程序非常严密，如果检查出胎儿有并不特别严重的问题，你会放弃吗？"静若摇摇头。医生又问："你所担心的孩子将来也许会身患疾病的问题，这是无法避免的，因为每个孩子都会发生各种状态。就算是患有重疾的概率很大，你会放弃现在这个健康的胎儿吗？"静若还是摇头。医生接连问了很多问题，静若都以摇头作为回答。医生说："既然结果是肯定的，你为何还要忧心忡忡，自寻烦恼呢？你这样的心情和状态，反而会对胎儿造成不好的影响，导致胎儿无法健康成长。"

听了这话，静若才慢慢释然了。

如今，随着各种各样的疾病越来越多，很多准妈妈在孕育新生命的时候，都会陷入形形色色的焦虑。实际上，对于准妈妈而言，与其提心吊胆地度过每一天，间接影响胎儿的健康成长，还不如开心快乐地度过每一天，这对于胎儿的成长反而是有利的。很多时候，我们如果努力，就能改变一些事情，但是也有的时候，我们即使努力了，也无法改变很多事情。既然如此，不如缓解紧张忧虑的情绪，坦然快乐地度过每一天，反而能够让很多事情都朝着好的方面发展。

现代社会，各种事物的发展都很快速，情况瞬息万变。如果我们不能最大限度地调整好心态，一味地忧愁，只会让人生远离快乐。尤其是当被恐惧禁锢的时候，我们更是会陷入各种怪圈无法自拔，因为内心的紧张忧惧而导致事情朝着糟糕的方向发展。总而言之，不要无缘无故地忧愁，只有坦然欣喜地接受命运的安排，命运才会给予你喜出望外的馈赠。

六、不能改变世界，就要改变自己

心若改变，世界也随之改变。对于每个人而言，如果不能改变世界，就要改变自己的内心。现实生活中，有些人生活得不快乐，就是因为他们总是与世界较劲，也与自己过不去。不得不说，这样如同拧麻花一样别着劲的人生，是很糟糕的，也往往会事与愿违。唯有把自己与世界的关系整理通顺，才能卓有成效地成就自我，完善自我。

生命从不完美,你要始终淡然

现实生活中,有很多人对自己不满意,为此他们总是怨天尤人,恨不得以一己之力就马上改变这一切,让所有事情变成自己满意的样子。殊不知,这是根本不可能的。客观存在的这个世界拥有很大的力量,大自然更是非常神奇,根本不会以人们的意志为转移。这种情况下,与其与生命较劲,看这个世界哪里都不顺眼,不如坦然接受生命的不完美,也怀着欣赏的态度淡然对待这个世界。这样一来,很多事情就会朝着好的方向发展,也许会带给我们惊喜和收获。

也常常有人抱怨命运不公平。不得不说,这个世界上根本没有绝对的公平,一切的公平都是相对的。如果一味地强求命运公平,只会在愤愤不平之中导致自己心绪不宁,使得自己的内心充满悲观和绝望。古往今来,大凡能够有所成就的人,无一不是接受命运安排的人。他们知道生命不完美,也不奢求命运绝对公平,而是对于人生中的各种坎坷和挫折都安之若素。

大多数人都以为人的言行举止受情绪的影响很大,如今心理学家经过研究发现,言行举止也会反过来影响人的情绪。举例而言,当一个人因为某些事情郁郁寡欢的时候,为了尽快从负面情绪中逃离,他们可以假装高兴。假装的时间长了,不知不觉间就会调整情绪,真的高兴起来。因而当你因为生命的不完美而失落,当你因为对自己不满意而沮丧,不如尽力调动起情绪，让自己接纳一切。

她因家境贫穷，妈妈离家出走，下落不明，家里只剩下体弱的爸爸。没过多久，爸爸也瘫痪在床，才7岁的她不得不肩负起照顾爸爸的重任。每天清晨，她天不亮就起床给爸爸洗漱，帮助爸爸解决大小便，然后再做饭给爸爸吃，还要预留下中午的饭放在爸爸床头，而她自己，有的时候来不及吃饭，就得急急忙忙赶往学校。

有段时间，家里只依靠低保的钱，她和爸爸根本无法生存。为此，她每天放学回家前又多了一份任务，那就是在各大垃圾桶里捡拾垃圾，收集废纸盒、饮料瓶等，拿到废品收购站去卖。有的时候，捡到的东西比较多，也卖到了钱，她还会买几个鸡蛋给爸爸增加营养呢！就这样，她读完小学。初中要去离家很远的地方，这可怎么办呢？学校得知她的事迹后，就腾出了一间库房，让她和爸爸暂时居住。就这样，她上完了初中和高中。因为仓库就在学校里，她再也不用在照顾爸爸之后走那么远的路去学校，所以她有更多的时间学习，成绩也更加优秀。在高考中，她以优异的成绩赢得了好几所大学的录取意向，但是她唯一的要求就是带着爸爸读大学。最终，有一所学校帮助她解决了难题，她很高兴地背起爸爸，一起去大学报到。

经历了这样的成长过程，主人公在未来成长的过程中，一定会非常坦然，也能够接纳很多的不如意。实际上，她在照顾爸爸，爸爸也在磨砺她的心性，让她内心从容，对于命运的捉弄安之若素。她也是幸运的，从小学到高中，总是能得到很多好心人的帮助，也因此度过了最艰难的时刻。如果她不是这么坚强，这么无怨无悔，而总是怨天尤人，那么可想而知，她的命运会更糟糕。事实正是如此，当一切都不可改变时，我们唯一能做的就是努力上进，决不懈怠。

有的人尽管健康强壮，但是在做很多事情的时候都不如意，这也会导致他们遭遇坎坷挫折，甚至因为各种各样的事情而陷入极端困惑，引发情绪大崩溃。不得不说，这些都是人生中常有的事情，绝不会因为任何人的意志力为转移，发生改变。与其愁眉苦脸地面对这一切，不如调整好心态，淡定从容地面对这一切。悦纳与被动地接受，给人带来的感受是截然不同的。

一个没有双脚的人原本怨气冲天，在看到一个失去双腿的人时，他们还会抱怨命运不公吗？要想拥有平静的情绪，就要学会保持内心的平衡。从某种意义上而言，命运也总是公平的，因为它在为人关上一扇门的同时，还会给人打开一扇窗，让人有所期待。正如有位名人所说的，这个世界上并不缺少美，缺少的是发现美的眼睛。在人生漫长的历程中，我们每个人都要善于发现命运对自己的眷顾，这样在被命运忽略或者捉弄的时候，才不会内心失去平衡，才不会满心绝望和抱怨。

常言道，人生不如意十之八九，这恰恰告诉我们很多事情从来不是完美的。有的人天生残疾，或者轻度，或者重度，与其抱怨命运不公，不如坦然接受不可改变的事实。

即使一无所有，也要拥有勇气

命运从来不公平，有的人一出生就含着金汤匙，拥有很多得天独厚的资源，而有的人却出生在贫寒的家庭中，一出生就要因为生活的艰难而饱尝辛苦。人生的起点也从来不同，很多人即使穷尽一生去努力，也无法达到某些人一出生就有的高度。难道因此就不努力，不奋斗，任由命运的漩涡把他们带着到各种未知的地方去吗？当然不是！

在漫长的一生中，很多人都在不停地得到，也在持续地失去。新生命从呱呱坠地，到年逾古稀，直到生命的终点，有太多的人浑浑噩噩，觉得人生就像黄粱一梦。那么，如何平衡得到与失去之间的关系呢？有人以得到和失去的对等来安慰自己，因此看淡得到和失去，从不徒然欢喜和悲伤。也有的人坚信自己在失去之后还会努力得到，因而对于暂时的失去不以为意。还有的人因为看透了生命太多的不如意，对于人生始终冷漠。

实际上，得到和失去正是生命的本质，也是生命不可替代的过程。每个人都应该珍惜"得到"和"失去"的体验，从而在生活的道路上砥砺前行。我们不能因为生命最终是个圆，在走过漫长的路之后还要回到原点，就对于一切都怀着不以为意的态度。即使生命的终点和起点是重合的，我们也要走过该走的那一程。

伟大的诗人歌德说过，一个人如果没有勇气，就失去了整个人生。的确如此，勇气是生命的灵气所在，也是生命的动力源泉。唯有拥有勇气，才能在生命中遭遇困厄的时候勇往直前，也才能在生命陷入困境的时候激发全身的力量勇往直前。正如人们常说的，不做温室里的花朵，是因为温室里的花朵没有野草的生命力顽强。同样的道理，如果海面上始终风平浪静，那么也就无法造就熟练的水手，从某种意义上而言，人生又何尝不是一场航行呢？

"长风破浪会有时，直挂云帆济沧海。"这告诉我们，一个人唯有坚持和勇敢，才能最大限度地改变命运。否则，作为一个弱者，根本不可能肩负起生命的重任，也根本无法挑起人生的大梁。因而，朋友们，即使你一无所有，只要还拥有勇气，你就是富有的，也是伟大的。就像一首歌里所唱的："跟我走吧，天亮就出发……"，当你要出发的时候，可不要忘记最重要的行李——勇气。很多人对于勇气褒贬不一，觉得莽夫之勇是不值一提的。的确，莽夫之勇不是真正的勇敢。拥有莽夫之勇的人，往往没有意识到危险，正所谓初生牛犊不怕虎，而真正勇敢的人，有着缜密的思维，也能够预见到很多危险，但是唯独不惧怕危险，而是更加渴望得到成功，渴望实现自身的价值，渴望创造辉煌的人生。

他是一个命运坎坷的人，不管做什么事情都很不顺利。他尝试着把自己的耕地变成鱼塘，没想到还没养鱼，就被勒令整改；他借遍了所有亲戚朋友买了辆拖拉机，却一不小心翻入沟里，为此他还失去了一条腿……但是他始终在人生的道路上砥砺前行，哪怕命运对他这么残酷，他都坚持不抱怨。他相信：天将降大任于斯人也，必先苦其心志，劳其筋骨，饿其体肤……正是在这种信念的支撑下，他才从不放弃对生命的渴望，更不放弃对于美好人生的梦想。

在饱经磨难和打击之中，他觉得种地是最踏实的。为此，他再次开始精心耕耘土地。在不断努力的过程中，他坚持不懈，勇往直前，最终收获了最好的结果：成为远近闻名的农业专家和种植大王，他的农产品也得到很多人的追捧。

事例中的主人公命运坎坷，正如人们常说的，倒霉的人喝口凉水都塞牙。但是，他没有放弃与命运抗争，而是坚信自己总能在某些方面获得成功。为此，他努力振奋精神，让自己在艰难的逆境中勇往直前，最终成功地改变了命运。作为普通人，我们应该做的是调整好心态，活到老，就与命运抗争到老，这才是最重要的。否则一个人的心态崩塌，哪怕客观外界有很好的支持，也是不可能获得成功的。

人生之中，有太多的事情值得我们去了解和尝试，我们必须用勇敢为自己插上翅膀，让自己从燕雀变成鸿鹄，这样才能树立伟大高远的志向。

六、不能改变世界，就要改变自己

对于每个人而言，真正禁锢他们的不是客观外界，也不是周围的人和事，而是自己的内心。一个人如果被自己的内心所禁锢，往往很难突破和超越。因而，我们一定要摆正心态，不要因为小小的挫折就故步自封，更不要因为小小的挫折就怀疑和否定自己。当你发自内心、坚定不移地相信自己，你就拥有了力量。

诗人汪国真曾说，没有比脚更长的路，没有比人更高的山。这充分告诉我们，只要敢于用脚步去丈量，那么你就能到达一切遥远的彼岸；只要敢于攀登，我们就能达到一切高山的顶峰。现代社会，生存压力很大，工作竞争异常激烈，越是如此，我们越是应该相信自己，在风雨泥泞中开辟出属于自己的道路。否则，一旦遭遇小小的挫折就不能振奋精神，突破困境，只会把自己困死，让自己勇气全无。

在时间的流淌中，生命从来不会保持静止不动的状态。时间对于每个人都是公平的，它给每个人都是一年 365 天，一天 24 小时，一个小时 60 分钟。生命是有限的，我们无法改变，更不可能预知生命何时戛然而止。唯一能做的，就是在生命的历程中，尽量拓宽生命的宽度，从而让生命更加从容淡然，充满精彩。当然，要实现这一切，前提就是要勇敢。唯有拥有勇气，我们才能坦然接受命运的不公和自身的不完美，也唯有拥有勇气，我们才能在人生的道路上砥砺前行，越走越远。记住，担心没有伞，还不如全力奔跑。人生总是时而阴雨时而晴天，你更要时刻做好奔跑的准备，才不会被人生中突然袭来的暴雨淋成落汤鸡。

不急躁，让人生逆流而上

 驱散阴霾，让人生充满快乐

在居家生活中，每隔一段时间，我们就需要清扫房间，打扫灰尘，这样才能让家里保持干净整洁。和所有房间一样，我们的心也是一个房间，唯一不同在于这个房间在我们的心里。这个无形的房间，日久天长也会洒落尘埃，因而我们要想让心的房间窗明几净，就要努力地驱散阴霾，才能让人生减轻负重，轻松前行，也感受到更多的幸福快乐。

很多人都觉得自己命运坎坷，受到了不公正的对待，追求快乐而不得，因而内心充满痛苦。实际上，快乐是一种心态，是源自人内心的清泉。有人误以为快乐是因为外物，其实外物只是引子，真正的快乐是一种心境。这个世界上并不缺少快乐，缺少的只是感受快乐的心灵。每个人唯有保持内心的干净澄澈，才能让心如同明镜一样，照射出生命的本质，照射出快乐的源泉。唯有如此，快乐才能呼之欲出。此外，我们也不需要抓住快乐，快乐就像是流沙，越是想要紧紧地抓住，越是容易流失。所以说，快乐就在你的心里，当你的心成为快乐的容器，快乐就会踏踏实实住在你的心里，不会轻易逃逸。

在一所医院的病房里，有两个病人都进入癌症晚期。医生在给他们下达病危通知书之后，告诉他们：接下来的日子里，想做什么就去做吧。听到这样的宣告，甲病人当即觉得自己已被宣判死刑，因而满心沮丧和绝望，根本无法正常地生活。他拒绝使用一切药物，甚至连医生开的止痛药

六、不能改变世界，就要改变自己

都拒绝。

乙病人在惊闻自己身患癌症之时，也是非常沮丧和绝望，但是他没有就此沉沦下去，而是告诉自己：既然生命已经走到尽头，我何不做自己想做的事情呢？就这样，乙病人变得乐观豁达，他甚至为自己报名参加了环球旅游。他暗暗告诉自己：我宁愿死在旅行的路上，也不愿就这样死在家里。一年多之后，甲在绝望中死去，乙环球旅行回来，面色红润。去医院检查之后，医生惊奇地发现，乙身上的癌症细胞已经和健康细胞和谐共存。后来，乙又活了很久，做了很多自己想做的事情。

同样是癌症晚期患者，甲乙在得知真相之初，感触一定是相同的。但是，甲陷入绝望，乙却在接受最糟糕的结果之后坦然面对一切，反而以一场环球旅行创造了奇迹。由此可见，心态对人的影响非常之大。每个人都需要更加积极主动，才能创造生命的契机，也才能彻底扭转命运的趋势。

很多人都希望自己拥有快乐，也希望自己可以拥抱快乐。为了得到快乐，他们无限度地追求金钱和物质，也渐渐地迷失了自己的本心。殊不知，这样只会让他们距离快乐越来越远，甚至彻底与快乐绝缘。要想得到快乐，最先要做的就是改变自己的心境，这样才能吸引来更多的正能量和快乐能量。

每一个人都不要生活在痛苦之中，因为痛苦就像是生命的毒瘤，会给生命带来不可挽回的伤害。然而不可否认的是，生命中的确常常发生让我们伤心欲绝的事情，那么我们就要学会为悲伤的情绪及时画上休止符。唯有如此，我们才能在最短的时间内及时为情绪止损，让自己忘记伤心的事情，找回快乐。

此外，还需要注意的是，情绪总是影响人们，快乐也是如此。人们通常以为是快乐让自己变得步履轻盈，面带笑容，连走路都哼着歌，而在情绪不佳的时候，则愁眉苦脸，甚至连呼吸都感到非常沉重。正因为如此，对于那些始终郁郁寡欢的人，心理学家才提出来让他们假装快乐。如果不了解其中的心理学原理，大家一定会觉得很好笑：假装快乐，有什么意义呢？现实情况告诉我们，当一个人假装快乐，而且很认真地去假装快乐，做出相应的言行举止，他就会真的变得快乐起来。所以不要把自己陷入负能量的怪圈，不要以无穷无尽的烦恼和忧愁让自己无处遁逃。唯有假装快乐，我们才能驱散情绪的阴霾，还给心的房间阳光明媚。还记得那个脑筋急转弯的题目吗？——如何用一种东西把整个房间都装满。那就是光。当你打开灯，整个房间都会亮堂起来。朋友们，我们也要为自己心的房间点亮一盏灯，使其充满阳光和希望。

悦纳自己，悦纳世界

很多人之所以做什么事情都与成功相差甚远，甚至还与失败常常纠缠，不是因为他们做得不够好，也不是他们自身不够优秀，而只是因为他们缺乏相信的力量。现实生活中，有些人妄自菲薄，有些人妄自尊大，而唯独相信自己、悦纳自己的人，才能最大限度地调整好心态，接纳整个世界。试想一下，如果一个人对于自己都总是否定和批判，他们又如何最大限度地激发自身的潜能，让自己全力以赴奔向美好的未来呢？

卡耐基说过，每个人如果都坚信自己是最好的，就会发现生活发生了神奇的改变。提出需求层次理论的马斯洛也说，心态决定了一个人的命运。这是因为心态对于人生的很多方面都会发生影响，例如态度、习惯、性格等，都会因为心态的改变而改变，也会因此导致命运截然不同。

六、不能改变世界，就要改变自己

对于一个人而言，最糟糕的状态是什么？那就是觉得自己不管做什么事情都不行，总是时时刻刻否定自己，总是消极怠工，不愿意认可和接纳自己。一旦这种消极沮丧的心态成为习惯，性格也会变得越来越悲观，最终导致很多困难都被无限放大，命运也随之沉沦下去。与此相反，人生最好的状态是接纳自己的一切，不管是优点还是缺点，都将其看作人生的常态，从而理性接纳。此外，我们还要怀着自信的状态，相信自己是最棒的、最好的，唯有如此，才能激发自身所有潜能，才能战胜很多困难，在人生的道路上一往无前。

从社交的角度而言，当我们以自信的状态展示自己，也会给他人留下良好的印象。试问，如果让你同时面对一个自卑者和一个自信者，你更愿意和谁相处呢？人总是趋利避害的，我们从自卑者身上感受到悲观绝望的情绪，也情不自禁受到负面影响；我们从自信者身上，却能感受到积极向上的力量，也因此受到积极有利的影响。所以，不要让自己成为那个别人避之唯恐不及的人，而要让自己成为正能量的中心，吸引更多的正能量聚集在身边。

一直以来，婷婷都因为自身的外形条件不好而自卑。婷婷非常胖，是个不折不扣的胖妞，而且她也不善言辞，木讷寡言。为此，她在成长的过程中一点儿都不快乐，常常否定自己，批判自己。正是在这样的状态下，婷婷在整个学习阶段，始终没有好的表现和发展，常常因为各种各样的苦恼，导致自己心力交瘁。大学毕业后，婷婷在找工作的过程中也受到歧视，因此她一直郁郁寡欢，在很长时间里都没有找到信心。

后来，婷婷加入一个专卖减肥产品的销售团队，自己也开始尝试使用减肥产品。随着体重不断减轻，她慢慢找回自信。销售主管还常常激励婷婷：不要总是觉得自己胖，就算不减肥，你也要相信自己是最美丽的，在喜欢你的人眼里，你比西施还美呢！带着这样的自信，婷婷还把自己减肥的经历分享给更多的人，在工作上也取得了很好的业绩和成果。

一个人不管先天条件如何，都要接纳自己，这样才能美丽地绽放自己，也让自己拥有更强大的人生。否则，如果自己总是否定自己，对自己毫无信心，那么又有谁能够拯救绝望的我们呢？

具体而言，要建立信心，必须知道何为自信。很多人都认为，所谓自信，就是相信自己。殊不知，相信自己也分很多种。盲目相信自己，叫自负；过度相信自己，叫自以为是。相信自己却贬低别人，是一种极其不健康的心态，也表现出对别人的敌意。真正的自信，是接纳自己，也是接纳别人，唯有相信自己也相信别人的人，才是真正的自信。

在了解自信的基础上，我们还应该有自信的言行举止。就像心理学家所说的，当你假装高兴，你渐渐地就会真的高兴起来。同样的道理，当你的表现就像一个真正自信的人那样，你也会变得自信。很多成功的人年轻的时候大多不是最优秀的，但是他们因为相信自己，最终一步步地实现了自己的梦想，创造了人生的辉煌。我们作为普通人，也应该坚持自信，这样才能在很多艰难的境遇中表现出顽强的力量，才能让一切都朝着我们期待的样子去发展。当心如你所愿改变，你会惊喜地发现整个世界也随之改变，这样的你才是更加从容的，也是更加强大自信的。

真正强大的人,敢于勇往直前

如果你想奔向目的地,目的地与你之间相差100步,那么当你走到99步停下来的时候,和你走到50步停下来都是同样的结果。如果你特别想做一件事情,而且你想把事情一次性做好,为此你想方设法做准备,希望自己预先设想无数糟糕的结果,从而有效地避免恶劣结果的发生,但是,你最终得出的结论却是:这件事情根本没有100%成功的可能,所以你只能放弃做这件事情。毋庸置疑,在放弃的同时,你不但成功避免了失败,也断绝了自己获得成功的一切可能性。和失去任何成功的可能性相比,失败并不是最糟糕的结果,因为失败至少能获得经验和教训。

心理学家曾经指出,大多数人的先天条件相差无几,那么为何有的人能够成功,光环与荣耀加身,而有的人却总是失败,与失败纠缠不休呢?究其原因,是因为对待挫折和坎坷的态度不同。验证不同的人对于失败的承受能力,也就是测试出人们可以承受几次失败的打击而依然满怀信心,心理学家专门进行了实验。实验结果表明,大多数人在失败一次之后就会感到很沮丧,完全丧失信心。少数人在遭遇一次失败之后,还能鼓起勇气进行第二次尝试,但是正如古人所说,一鼓作气,再而衰,三而竭。他们在第二次失败时,明显表现出信心不足的样子,也因此直接导致他们一旦遇到小小的坎坷挫折就预见到糟糕的结局,因而轻易放弃。不得不说,不管是前者还是后者,成功的可能性都很小,因而从未有人能一蹴而就获得成功,也没有人可以不劳而获地获得成功。古往今来,大多数能够得到成功青睐的人，都是因为他们能够承受住无数次失败，具有越挫越勇的勇气。

成功者并非运气爆棚的人，也不是独具天赋的人，但是他们一定是坚强勇敢，有着顽强的毅力和永不放弃的决心的人。他们也是人，而不是神，面对接踵而至的失败，他们也会感到悲观绝望，也会感受到深深的无以言说的痛苦。他们与失败者唯一的区别就是：不管多么倍受打击，也不管内心深处时常感到软弱无助，他们的人生只有一个目标，那就是勇敢向前，决不停下前进的脚步。

成功从来不像人们想象的那样烈火烹油，轰轰烈烈。成功是在逆境中崛起，是在奋斗中坚持，是在失败之后擦干眼泪继续前行。成功是一个结果，而成功的过程才能揭示成功的奥秘所在。当一个人鼓起所有勇气，坚定所有信念，一心一意在人生的道路上前行，就没有任何困难和障碍能够阻止他们前进的脚步。记住，成功从来不简单，只有坚持不懈的人才能拥有成功的果实。

不能改变环境，就改变心境

现实生活中，很多人对于自己生存的环境感到不满意，为此，他们怨天尤人，恨不得让全世界的人都去同情他们。殊不知，这样的同情一文不值，也不能改变他们的生存环境。有哲学家说，世界照射在每个人心中的样子就像一面镜子，如果镜面是肮脏不堪的，那么照射出的景色也是不堪入目的；如果镜子非常干净清明，就能反映出这个世界本来的样子。如果镜子上有着精细的雕花,而且有着很多镂空,再配以别具韵味的古典音乐,则一切都会显得与众不同,意境清幽。所以说,我们的心就像一面镜子,最终会呈现怎样的姿态由我们的内心决定。从这个意义上来说,我们如果不能改变外界客观存在,就应该竭尽所能改变心境,从而让世界在我们的心之镜上呈现更好的样子。

人人都希望岁月静好,是因为他们不愿意接受命运的颠簸;人人都希望自己事业有成,生活顺遂如意,是因为他们在追求成功的道路上已经走了太久。然而,无论如何,都不要让自己变得被动,因为如果把所有希望都寄托在环境的改变上,这种希望必然落空。与其被动地等待环境改变,为何不主动改变心境,也改变环境呢?

在现实生活中,每个人的状态都是截然不同的。有的人长期生活在安逸的环境中,渐渐失去了锐气;也有的人在为生活奔波中变得像刺猬一样敏感多疑,时不时蜷缩起身体,以满身的刺示人。这些状态都不是最好的人生状态,一个人唯有摆正心态,端正态度,面对人生,才能与生命一起砥砺前行,决不轻易退缩。

一个生命一片空白的人,往往很难对生命有深刻的感悟,相反,他们心思单纯,视野狭窄,所以在处理很多事情的时候都情不自禁地陷入误区。这是因为在人生的道路上,总有一些人会走下坡路,也总有一些人会走上坡路,这不是命运在主宰,而是人自身各个方面的情况决定的。面对命运的困厄,有的人鼓起勇气,信心百倍地去面对。有些人在与命运博弈的过程中,则越来越气馁,根本无法做到斗志昂扬。这是因为他们对待挫折的态度截然不同。

没有人的一生是一帆风顺的。对待命运的坎坷与挫折,有的人越挫越勇,有的人一蹶不振,也因此导致他们的命运朝着不同的方向发展。然而,归根结底还是要去面对,只要活着,就是逃无可逃。既然如此,与其哭着度过每一天,不如笑着度过每一天;与其被动接受,不如主动面对。

心若改变，你的整个世界也会变得不同。

大学毕业后，学习中文的林丹进入一家时尚杂志工作，这是因为主编看中了林丹敏锐的观察力和细腻的文笔。然而，进入公司没多久林丹就感到非常尴尬，因为她看起来就如同一只鸡进入了凤凰窝。看着杂志社里的男男女女都那么时髦，林丹觉得很自卑，甚至抬不起头来。也因为这样的大不同，林丹遭到了很多同事的冷嘲热讽，甚至有些同事直接告诉林丹："你应该去财经类杂志社工作，可能会更搭。"

林丹内心还是比较喜欢时尚的，只不过她从小家境贫困，所以一直衣着朴素惯了。拿到第一个月的薪水后，林丹原本想给父母寄去，但是想到自己必须先生存下来，将来才能更加孝敬父母，为此她在留下基本的生活费用之后，狠了狠心，去理发店做了头发，不但烫了夸张的大卷，还染了时尚的栗色。后来，林丹又用剩下的钱给自己买了两套衣服。尽管这两套衣服不是大牌，但是和林丹此前的衣服相比，已经非常时髦，气质也提升了好几个档次。新一周的第一天，林丹焕然一新地出现在同事们面前，让同事们忍不住啧啧赞叹："哎哟，原来我们这里之前有一位灰姑娘啊！"林丹虽然心中胆怯，却假装非常自信的样子。她知道，现代职场竞争就是这么激烈，自己一味地哭穷根本不会赢得任何人的同情，唯有站住脚，好好地生存下去，一切才能朝着更好的方向发展。

为了提升自己对时尚的感觉，林丹还购买了很多关于时尚的杂志。渐渐地，林丹对于时尚越来越敏感，写出来的文章也总是能够引领时尚的潮流，得到很多时尚达人的认可。不出一年，林丹就成为杂志社里经验丰富的金牌编辑，不仅奠定了自己的事业基础，薪资待遇也提高了。如今的林丹不但孝敬父母，还计划把父母接到身边来生活呢！

林丹很清楚，自己没有办法改变时尚杂志社的环境，只能积极主动地改变自己，由外到内地打造自身的全新形象。这样当机立断的改变和坚持不懈的学习，让林丹最大限度地激发出自身的潜能，也让自己顺利地赢得同事的认可，在杂志社里奠定了坚实的基础。

改变自己的心境并不难，和改变客观存在的外部环境相比，改变自己的心境是轻而易举的。只要你积极主动地去改变，只要你认真严肃地认识到改变的重要意义，你就会变得更加优秀和成熟，你就会变得更加强大和美好。因为你的改变，命运对你也不再苛刻，而是会努力地善待你，给予你最好的引导，也让你跟随心的脚步在人生之路上砥砺前行。

说起变化，很多朋友也许会感到恐惧。因为他们已经习惯了因循守旧的生活，也习惯了凡事都在既定的轨迹上往前推进。实际上，从唯物辩证的角度来看，事情的发展有好也有坏，如果事情静止不动带来的是糟糕的结果，那么向前发展反而有可能产生更好的结果。唯有怀着与时俱进的心态，坚持努力和付出，我们才能在改变之中发现崭新的机会，也才能在改变之后看到不一样的人或事。

此外，改变也应该是有目的的。主动的改变和被动的改变不同，被动的改变只能接受，而主动的改变因为提前做好预案，也占据先机，所以有更多选择的机会，也可以最大限度地发挥自身的能动性，从而保证一切都尽量朝着预期发展。也许现实的情况和人们的理想之间有很大的差距，但是这个差距并非不可弥补。只要心中怀着热切的渴望，只要内心深处决不畏缩和退让，我们总会找到最好的成长契机，也会在人生中最艰难的时刻创造生命的奇迹。记住，环境固然重要，却并非不可改变，只要你愿意改变自己的心境，周围的环境也会随之发生质的改变和飞越。

降低欲望，主宰人生

人们常说，欲望是人生的深渊，这到底是为什么呢？欲望真的那么可怕吗？适度的欲望可以让人更好地调整自己的心态，激励自己不断努力向上，但是过度的欲望则会让人落入被动的情绪之中无法自拔，也会让人因为无底的欲望而产生各种负面的情绪，例如攀比等。尤其是现代社会，充斥着各种各样的诱惑，很多人的欲望都无限膨胀，导致人生陷入被动的局面无法自拔。还记得在电视剧《人民的名义》中，一开始就被抓到的那个处长吗？他原本出身于贫苦的农村，很希望自己能够考上大学改变命运，但是他却因为贪婪收受贿赂，又因为胆小而把所有贿赂得来的钱都藏起来，不敢动分文。不得不说，欲望的力量真的太邪恶，让一个人被钱奴役。

欲望太多的人，心始终不能清净，当欲望的沟壑越来越深，他们甚至深陷其中无法自拔。常言道，人心不足蛇吞象，说的也是这个道理。我们何不想一想：金钱什么时候最重要，什么时候最不值钱呢？也许有人会说，金钱每时每刻都很重要，可以让我们的生活衣食无忧，锦衣玉食。这固然有一定道理，却不是金钱最重要的地方。当金钱能够救命的时候，就是最珍贵的时候。当身患重疾，即使有再多的钱也无法救命的时候，金钱就分文不值。归根结底，生命是1，人生中其他一切必需品都是0，如果没有1，再多的0排列在一起也毫无作用和意义。所以朋友们，不要再因为金钱而迷惘，也不要因为那些身外之物就轻易改变人生的初心。人们常

六、不能改变世界，就要改变自己

常为了追求那些得不到的东西而绞尽脑汁，不遗余力，却在不知不觉中就连现在拥有的也慢慢失去了。这是生命的悲哀，也是人生的困局。

慧珍大学毕业后就回到家乡小县城生活，在事业单位当财务。当时慧珍只想过这样安稳的小日子，所以找了一个当老师的男朋友，并很快就结婚了。在有孩子之前，他们的生活一直过得波澜不惊，甚至有些小小的浪漫。每到周末，他们一起去吃烛光晚餐，或者去双方父母家里与老人团聚。然而，自从孩子出生，慧珍就对现在的生活不满意了。

原来，有了孩子之后，慧珍经常和同事聊天，发现很多同事都特别讲究，给孩子吃的奶粉是进口的，用的尿不湿是进口的，甚至连洗发水、沐浴露都是进口的。而慧珍呢，因为拿着死工资，也没有太多的积蓄，无法给孩子提供全都是进口的好东西。为此，慧珍开始抱怨老公薪水低，没出息。

孩子长到两三岁后，可以和父母一起去旅游了，单位里的很多女同事带着孩子自驾游去周边的景点，或者坐飞机带孩子出国。看着别人旅游，慧珍非常羡慕，她不敢奢望自己也能带着孩子去旅游，却特别想买一辆车。尤其是坐在对面的同事李娜开来一辆崭新的大别克之后，慧珍更是百爪挠心。慧珍几次向丈夫提出贷款买车，丈夫都表示拒绝："咱们家距离单位走路才5分钟，买辆车干吗呀？且不说一辆车价值不菲，还得买车位停车，最重要的是贷款的话影响现在的生活质量，而买的又不是必需品。"慧珍难过极了，和丈夫争执不休。一个偶然的机会，慧珍要过手单位里临时收上来的一笔钱。这笔钱是陈年旧账，根本没想到能收回来。已经被车迷得神神道道的慧珍，居然拿着这笔钱去买了车。这可是二十几万啊，看到慧珍开回家的车，丈夫气得简直要吐血，他很清楚如果不能及时把这笔钱补上，慧珍就要大祸临头了。

果不其然，慧珍美滋滋地开着车上班没几天，公司就发现这笔钱已经交到公司，却在账目上没有体现。小伎俩很快就被揭穿，慧珍也因为监守自盗被起诉。丈夫情急之下，不得不卖掉新买的车，虽然才开了不到一个月，也贬值严重，缩水四五万。后来，丈夫拿出家里仅有的 5 万元积蓄才把漏洞补上。被保释的慧珍不但没了车，还丢了工作，真是狼狈不堪。

攀比很容易让人陷入欲望的深渊，为了满足所谓的虚荣心而做出失去理智的事情来。实际上，对于慧珍而言真的没有必要买车，毕竟日常生活根本用不到，家里的经济条件也不是很宽松。但是慧珍陷入与同事的攀比心态，一心一意只想买车，不想听从丈夫的建议。最终，她不但害了自己，还丢了工作，也让家里的所有积蓄都付诸东流。不得不说，欲望真是害人的东西。

人人都希望得到更好的生活，提升生活品质，这是无可厚非的。但是凡事皆有度，过度犹不及，在欲望面前，我们一定要把握合适的度，才能以欲望激励自己不断地努力奋发，积极向上。否则，我们为了满足欲望而忘记生命的初心，也为了满足欲望而伤害自己对于生命的美好感受，这是舍本逐末，得不偿失。在这个世界上，永远有人生活得比我们更好，但是我们却没有必要把他们的生活当成标杆。对于生命而言，结果并不代表什么，最重要的是过程，唯有在一生的过程中无怨无悔，才能真正拥有生命，享受生命。否则被沉甸甸的欲望压着，被内心毫无节制的欲望驱赶着，急急忙忙就奔到人生的终点，即使拥有得再多又有什么意义呢？

很多现代人都抱怨自己活得太累，抱怨命运不公，从来不曾青睐他们，却不知道，命运总是公平的。当我们因为内心的忐忑而失去平静的心，要反思的是自己，而不是命运。当我们清心寡欲，享受简单的生活带来的快乐，我们会更加关注生命本身，也会得到更多的快乐。

此外，需要注意的是，要想成为欲望的主宰，降低欲望，我们还要戒骄戒躁，摒弃那些不良的心态。很多人尤其喜欢和身边的人比较，却不知道不合理的比较往往使人心态失衡,也导致内心充满悲伤凄苦。与其与他人比较自寻烦恼,不如与自己比较,看自己是否有进步,是否成功地战胜了欲望,这样更有意义。记住,知足常乐,我们固然要努力奋斗,也要以满足的平常心对待生活。

人生不设限,才能精彩无限

心理学家曾经做过一个实验:往一个玻璃瓶子里放跳蚤。众所周知,跳蚤的弹跳能力是很强的。随后,心理学家在玻璃瓶上盖了一块透明的玻璃板。跳蚤不知道玻璃板的存在,继续不遗余力地去跳,结果被玻璃板挡住。在尝试很多次之后,跳蚤调整了跳跃的高度,让自己不会碰到玻璃板。这个时候,心理学家取下玻璃板,但是跳蚤以为透明的上空依然有玻璃板,因而始终不会再调高跳跃的高度了。这个实验告诉我们,当一个人的能力被心理限制,他们往往无法突破自己。

很多人之所以能力有限,一则是因为他们的能力真的没有达到那么高,二则是因为他们对自己进行了心理限制,三则是因为他们缺乏自信,四则是因为他们忽略了自己的潜能。最重要的是,那些自我心理限定的人往往很消极悲观,他们总觉得一切都是命中注定,理想是丰满的,现实是骨感的,因而对于人生的很多事情都不去主动争取。实际上,当人生安于现状,很多人都会在不知不觉中失去很多。由于自我设限,也使得人生的可能性无限减少。

对于每个人而言,最重要的不是在生命历程中否定和批判自我,也不是在人生的道路上走了多少弯路，而是要始终满怀信心，勇敢地去尝试，这样才能最大限度地激发人生的本能，给予生命更多的历练和成长的空间。遗憾的是，现实生活中，大多数人或者生活在自己的世界里，或者生活在别人给他们圈定的空间里，完全忽略了"我的人生我做主"。这样会导致人生受到禁锢，人际关系等也发生不可预知的后果。

在热恋阶段，徐磊觉得自己和爱人小梦的感情如火如荼，没有任何问题。但是结婚之后，朝夕相处，很多问题渐渐显现出来。他们时常争吵，从生活习惯到人生观念，摩擦不断。有一次，小梦一本正经地和徐磊沟通："徐磊，你就不能不那么懒惰吗？"

徐磊不以为然地说："我从小就是娇生惯养的独生子，你又不是不知道。既然你从小在家里就经常干活，那就多干一些呗。"

小梦被气得差点儿吐血："我在家里干活多是我的事情，但是我现在嫁给你是当你的老婆，不是当你的保姆。"

徐磊白眼一翻："我也没办法。"

小梦继续语重心长："你总是这样，不但影响家里的生活，也影响工作。你看看，你进入公司都几年了，那些比你后来的同事都能混个小职位，你却一点儿进步都没有。我真担心你有一天会因为碌碌无为被公司辞退。"徐磊还是气定神闲："辞退了就再找呗，反正爸爸妈妈不会看着我们饿死的。"

小梦简直无语："你知不知道你不能一直依靠爸爸妈妈！"

徐磊说："但是现在还是可以依靠的啊！你说我啃老也罢，说我懒惰也罢，反正我就这样，改不了了。"小梦看到他的反应，真的特别想离婚。

在这个事例中，徐磊对于自己的表现心知肚明，也很清楚自己不可能完全依靠父母生活一辈子，但是他宁愿给自己贴上"啃老""懒惰"的标签，也不愿意去改变，可想而知他是被自己禁锢了。

对每个人而言，自己都是自己最大的敌人。他们尽管可以描述自己，甚至对自己的评价客观又中肯，却不能积极主动地改变自己，这一切都是惰性在捣乱。一个人一旦认定自己是怎样的人，给自己贴标签之后，他们往往会按照标签所描述的样子去生活，根本不愿意做出任何改变，不得不说，这样的人生态度是非常可怕的。对于每个人而言，最怕的不是生活的苦与累，而是在生活面临困境的时候，无法切实有效地去奋斗，去进步。要想突破人生的藩篱，我们每个人都要做到不给自己设限，这样才能最大限度地改变命运，把握人生，让自己的生命大放异彩。

七、成为心理战的狠角色，以强大内心征服他人

现代社会，生存不易。一个人要想为自己赢得一席之地，除了要战胜很多对手之外，更重要的是增强自己的心理力量，让自己能够突破内心的藩篱。尤其是在职场上，每个人都要与时俱进，不但要坚持学习，还要成为心理战中的狠角色，才能激发内心的所有潜力。

韬光养晦，才能蛟龙出水

现实生活中，总有些人表现得非常怯懦，他们面对很多问题不是迎难而上，而是知难而退。为此，他们总是与失败结缘，很难突破自我，成就自我。还有些人尽管在各个方面都有出色的表现，常常装作不可一世的样子，实际上他们也不是真正的强者，而是虚张声势的人。真正的人生强者，是既相信自己，也相信他人，是能够谦虚低调地做人，在关键时期突然爆发出强大的力量，让人刮目相看的人。一个人唯有韬光养晦，才能在人生拐点如同蛟龙出水般尽情展示自己的实力，绽放自己的光彩。

生活中那些真正的强者，首先非常聪明，其次有非常优秀的才干，同时保持谦虚低调。他们总是与周围的人和谐相处，看起来很友好，也因而他们可以尽情地展示自身的魅力，从而激发人们对他们的信任，也让人们对他们油然生出敬佩之情。这样外圆内方的表现，让他们真正懂得韬光养晦，可以抓住很多机会努力积蓄能量，有朝一日可以一鸣惊人，一飞冲天。和那些狂妄自大的人相比，他们的内心非常强大，处世也很圆滑。哪怕是在竞争激烈的职场上，他们也能够游刃有余，灵活巧妙地应对各种情况。

当然，我们不狂妄不代表我们遇到的每个人都是谦虚低调的。在具体工作过程中，我们有可能遇到各种各样的人，其中不乏那些狂妄自大、自以为是的人。当与他们发生矛盾和争执时，我们该如何做呢？可以据理力争，但是结果可能往往不太理想，因为激烈的争执会伤害彼此的感情，也会导致同事关系恶劣。其实,还可以采取避其锋芒的方式,站在对方的立场上,理解对方的观点和选择,在此基础上,再向对方阐明我们的想法,这样一来,自然可以更加友好地沟通和相处。归根结底,同事之间需要长期合作,如果因为一些小矛盾就把关系搞得不可调和,最终伤害的必然是我们自己。

此外,为了谋求最好的结果,我们理所应当要选择最恰当的方式解决问题,唯有如此,才能做到共赢,而不会因为小事就关系破裂。总而言之,我们必须理性审慎,懂得以柔克刚的道理,才能最大限度地协调好人际关系,也让自己拥有好人缘。尤其是作为新人初入公司的时候,不要随意与他人发生争执,否则就会导致自己陷入困境,孤立无援。唯有好的表现,我们才能站稳脚跟,赢得一席之地,谋求更好的发展。

刚刚大学毕业的小云进入公司之后,常受到冷遇。毕竟是新人,大家也会扔给她一些杂事来做。为了和大家搞好关系,她一直很低调、谦逊。

有一天,小云对一个表格不是很明白怎么做,特意谦虚地请教一位老同事。那位老同事故意调侃道:"不敢当,不敢当,你可是大硕士。"小云笑起来,真诚地说:"老前辈,您说什么呢。学历高算什么呀,经验丰富才是最难得的。考个学历只不过需要几年的时间,而经验却是花费十几年甚至几十年积累的,我必须向您学习呢!"小云这样一说,对方喜笑颜开地指点了小云。

渐渐地,小云以谦虚、低调赢得了很多同事的喜爱,这才得以在工作上发力,表现得出类拔萃。老板把小云的社交能力、专业能力都看在眼里,很快就给小云升职加薪了,而因为小云已经赢得同事的赞许,所以大家对此也都心服口服。

在这个事例中,如果小云一开始就对那些自视经验丰富、居功至伟的老同事"宣战",一定会让老同事不满,也会导致人际关系从一开始就非常恶劣。幸好小云学历高,情商也高,初进公司的时候保持谦虚低调,最大限度地调动起自身的积极性,把工作做好,把人际关系处理好,由此才能奠定自己在公司的生存基础,也有了更好的工作表现。先生存,后发展,这个道理不仅仅适用于生活,也适用于职场。

也许有人会说自己有能力、有才华,完全可以把很多事情做好,殊不知,能力和才华固然重要,但是在职场上,人际关系更重要,需要苦心经营。一个人能力即使再强,如果不能处理好人际关系,也只会导致一切都变得非常糟糕。很多朋友熟读历史,知道楚汉相争时期,项羽虽然武力比刘邦更强,最终却因为锋芒毕露,导致自刎乌江。而刘邦呢,在武力方面不如项羽,但是知人善任,网罗了很多有才之士,也获得了真正的成功。在鸿门宴上,刘邦更是保持低调,在强大起来之前先保存实力,从而让自己在成功的道路上走得更远。这一点,恰恰是项羽需要向刘邦学习的。

自以为聪明的人很危险

不可否认,每个人的智力是不同的,总有些人显得愚笨木讷,也有些人显得非常聪明。然而,心理学家经过研究证实,除了在智力方面独具天赋的天才之外,大多数人智力水平相差无几。因而,人一定不要自以为聪明,否则就会聪明反被聪明误,导致自己的生活和工作都陷入困境。而略显愚钝的人也不要妄自菲薄,因为有些人正是因为对于任何事情的反应都没有那么快,反而会想得更多,更周全。细心的人会发现,那些大智若愚的人往往更能够获得成功，这是因为他们从来不炫耀自己的聪明，更不会因为自以为聪明而做出盲目或者草率的决定。和聪明人相比，他们更具有大局观念和意识，能够以大局为重，把自己的需求放在第二位。在必要的时候，他们还能装糊涂，真正做到了郑板桥所说的"难得糊涂"。

前几年热播的电视剧《青岛往事》中，很多聪明伶俐的人都没有战胜看起来傻乎乎、反应迟钝的满仓。满仓在和日本人的较量中，通过运用计谋，不动声色地给了日本商人沉重一击，让他们满怀遗憾地因为战败而离开中国。不得不说，满仓之所以能够成功，与他的思维缜密是不可分的，也得益于他蠢笨憨厚的形象。假如满仓长得精明强干，就会导致日本人对他大加防范，自然就无法如愿以偿地获得成功。所以任何人都不要以聪明人自居，更不要以为普天之下只有自己才是最聪明的。在这个世界上，聪明的人太多，而明知道自己聪明，却能做到以愚钝示人的人却少之又少。

已经进入公司10年的老彭，总是得不到晋升，看着比他晚加入公司的人都成功地升职加薪，老彭觉得很郁闷。他能力还是有的，与同事和上司之间关系也处理得很好，为何总是不能有升职、加薪呢。思来想去，老彭决定咨询从事人力资源工作的老同学。得知老彭每次工作上都毫无瑕疵，又因为笔杆子硬，经常被老板安排写汇报，老同学询问老彭："你每次写完汇报之后，领导还需要修改汇报吗？"老彭得意地说："那当然不用。我做事你还不知道吗，务求尽善尽美。"老同学沉思很久，对老彭说："也许，你就是因为做得太好了。"老彭不解。老同学继续解释："我们在职场上有个禁忌，就是不给领导机会表现出他们的高明。你每次都把文字材料做得完美无瑕，领导根本没有机会批示你，指点你，可想而知，领导的感觉一定不会太好。你不妨下次试着把材料做得留下明显的缺陷，也无须太多，只需要让领导有机会指点你就行。"

老彭尽管对于老同学的话半信半疑，但是既然情况也不会更坏，他还是决定试一试。为此，再给领导做文字材料的时候，他故意留下漏洞，果然领导找到老彭提出意见，老彭当即表示全力修改和完善。那一次，老彭明显感觉到领导的态度很好。后来，老彭自己也意识到：作为领导，谁愿意提拔一个能力比自己强的人呢？所以要学会适度地低头，才能得到领导的认可和赏识。自从调整策略后，老彭觉得与领导的关系更亲近了一些，领导也更加器重他了。

现实生活中，很多自以为聪明的人也许能在短时间内赢得更好的发展，但是长此以往，就会遭到他人的厌弃。而当你自以为聪明地上蹿下跳之时，所谓"木秀于林，风必摧之"，则往往会导致他人对你充满敌意，无形中与你为敌，故意阻碍你的发展，这就得不偿失了。不显山，不露水，才能获得最大的成功。

竞争中并不经常需要绅士风度

随着改革开放的脚步，西方国家的绅士风度也传入中国，很多人都开始把具有绅士风度作为自己的标准，也时不时地就发扬绅士风度，却不知道绅士风度未必用在哪里都合适，很多时候绅士风度用错了地方，非但无法起到预期的效果，还会给自己带来严重的损失。在激烈的职场竞争中，更是要真刀真枪地干，而不是玩虚的，说什么绅士风度。在市场经济时代，没有公司愿意养着闲人，都是一个萝卜一个坑。因而要想在职场上站稳脚跟，就必须积极地展示自己的实力，为自己赢得一席之地。

很多滥用绅士风度的人,即使面对危机,也会采取消极怠工的态度。他们总是说:"是我的总归是我的,不是我的,就算争取,或者去抢夺,也未必能得到。"看起来,这样淡然的态度是很潇洒的,实际上只会导致结果很糟糕。竞争就是竞争,在竞争中不合时宜地发挥谦让的精神,只会导致人生陷入困顿无法自拔。正确的态度应该是:该争取的就要争取,决不退让,唯有这样,才能激发出自身的所有潜能,全力以赴奔向美好的未来。

在这个世界上,成功从来不会一蹴而就,更没有天上掉馅饼的好事。每个人都要最大限度地调整好心态,积极主动地努力实现目标,才能让空想变成现实,才能让一切都有好的结局。凡事皆有度,过度犹不及,如果把绅士风度发扬到极致,就会变成怯懦。举一个极端的事例,会让人知道过度绅士的结果。如果把绅士风度发扬在战争中,面对敌人的步步紧逼而采取退让的态度,就会毫无悬念地失败,甚至导致整个民族和国家的灭亡。由此可见,有些时候的确需要绅士风度来展示自身的风采和开阔的心胸,但有的时候,不能因为绅士风度导致自己陷入困境,甚至一败涂地。

张丹是个不折不扣的穷小子,很小年纪就失去妈妈,爸爸再婚,迎娶后妈进门,变成了真正的"小可怜"。在磕磕绊绊之中,张丹好不容易长大,也完成了学业,却因为一直习惯于看后妈的脸色生活,养成了胆小怯懦的性格,尽管心细如发,却过度敏感,常常导致自己陷入困境。

工作之后,张丹认识了一个女孩。这个女孩喜欢张丹温和的性格,并不嫌弃张丹贫穷,张丹与女孩展开了恋爱。在这个方便面爱情的时代,张丹和女孩进行了3年爱情长跑,终于开始计划结婚。然而,就在此时,女孩身边出现了优秀的追求者,追求者不但自身条件优秀,而且家里的经济条件也很好,还在大城市里购置好了结婚的房子。显而易见,张丹和那个男孩相比就像一无所有的乞丐,为此,强烈的自尊心驱使他等待着女孩做出决定。他从未主动争取女孩，也没有继续向女孩求婚，当女孩问起他婚事如何进行的时候，他还总是搪塞"再等等吧"。正是这样模棱两可的态度，让女孩最终对张丹失去信心。三个月后，女孩接受了那个男孩的追求，重新开始恋情，而张丹也不得不向朋友们宣布爱情长跑已经结束。得知分手的真正原因，朋友们都怒斥张丹简直脑子进水了，才会把感情深厚也非常优秀的女朋友拱手让人。张丹尽管懊悔不已，但是生性怯懦的他根本无计可施，只能眼睁睁看着苦心经营3年的感情付诸流水。

在这个事例中，张丹不合时宜地等着女朋友去选择，而没有发挥主观能动性，拼尽全力争取女朋友，挽留女朋友。这么做的最终结果就是，女朋友感受到张丹的感情变得淡漠，因而选择和更优秀的男孩交往。实际上，这不是女朋友喜新厌旧，而是张丹的游移不定没有给女朋友稳定的信心。

太多的"绅士"在竞争中都毫无悬念地输掉了，这是因为他们过度追求所谓的绅士风度，对于自己想要的一切也采取谦让的态度，最终被别人钻了空子。人生常常需要勇气，很多事情一旦定下目标，就要坚定不移地去实现，不到最后时刻决不放弃。只有一个空洞的"绅士"头衔，有何意义呢？与其等到不能挽回的时候追悔莫及，不如在还拥有的时候就珍惜，拼尽全力保护，这才是最正确的选择。

让实力与价值为自己代言

现代社会,很多人都深刻感受到活着不容易,却不知道如何才能活得更好。他们不曾偷懒,每天都很努力,却因为工作效率低下,在职场上始终处于最低的岗位上。有的时候,他们也感到迷惘和彷徨,看着身边的同事升职加薪,他们简直觉得无望。不得不说,职场就是这么残酷,一切都以结果为导向,而一个人即使能力再强,或者如同老黄牛一样勤勉,却没有好的结果,最终也无法得到认可。因而要想为自己赢得一席之地,我们就要拼尽全力。所谓:"八仙过海,各显神通。"把这句话用在职场上也是非常合适的。

职场是个拼实力的地方,一个人只有创造自身的价值,得到同事和上司的认可,才能最大限度地激发自身的潜能,让自己变得真正强大起来。不得不说,用实力和价值为自己代言,说起来容易,做起来却没有那么容易。只有在平日里点滴积累,努力提升自己,才能激发自己的潜能,让自己变得更优秀。

人在职场,为了眼前的利益而放弃做人做事的原则是不可取的。更重要的在于,一定要摆正心态,把眼光放得更加长远,才能真正让自己的价值凸显出来。尤其是在人心叵测的职场上,更是要小心,不要掉入各种各样恶性竞争的大坑。

作为一家图书公司的编辑,小豆从大学毕业就进入这家公司,已经在公司六七年时间了。在这么长的时间里,她始终兢兢业业,沉下心来做选题,出好书,然而,当后来的同事都得到领导赏识,晋升为主编,负责大的选题和项目,小豆还是在岗位上纹丝不动。渐渐地,小豆感到很郁闷,也想方设法改变这种局面。

原来,小豆和顶头上司李副总的关系不太好。小豆性格耿直,不管是说话还是做事,都是直来直去。有一次,小豆无意间冲撞了李副总,后来在工作中就始终不愠不火,即使选题做得好,也不容易得到表扬。有一次,李副总负责的一个项目出现问题,导致合作的客户把一个系列的图书全盘推翻,却又要求公司必须在3个月内交出符合要求的一系列书稿。李副总急得如同热锅上的蚂蚁,他当然知道这根本不可能。正在这时,小豆主动请缨,说自己手里有几个比较靠谱的作者,可以努力拼一下,争取在规定日期内交稿。李副总如同抓住了救命稻草,因为他已经把这个任务交给好几个主编,却都因为时间紧、任务重,而且客户要求很高被拒绝。就这样,小豆在3个月的时间里全力以赴,有的时候还通宵达旦地完成稿件,最终赶在规定日期前一周交上稿件。原来小豆是预留出一个星期的时间,可以根据客户要求修改稿件,没想到客户对于稿件非常满意。就这样,李副总对小豆刮目相看,也因为小豆帮了他的忙,所以他很快就提升小豆为主编。小豆如愿以偿地借此机会得到晋升,工作上也更加动力十足。

在这个实例中,当小豆意识到自己无意间得罪了李副总的时候,事情已经发生。在这种情况下,去找李副总理论是根本不可行的。唯有证明自己的价值,让李副总认可自己,才能真正解决问题。毕竟李副总也希望手下有更多的得力干将,这样他们的工作才更容易出成绩,也得到晋升和提拔。实际上,领导和下属的关系是相互依存,相辅相成,也是相互成就,让彼此的价值最大化。

人在职场，每个人都想创造自身的价值，得到他人的尊重和认可。然而，这一切都不是凭空得来的，而是要靠着自己的努力去争取。人人都会面临很多机会，关键在于要抓住机会，才能发挥主观能动性，创造价值。此外，我们还要调动所有资源，正面自己的实力，这样才能先在职场上站稳脚跟，为自己赢得一席之地。

为自己准备更多的底牌

喜欢打牌的朋友们都知道，底牌非常重要，往往能决定一场牌局的胜负。因而精于打牌的人，总是在打牌的过程中保护好自己的底牌，不到关键时刻决不轻易亮出。人们说，思想有多远，人生就能走多远，我也要说，底牌有多大，就意味着我们在人生的道路上成就能有多大。

底牌的作用为何这么大呢？从心理学角度来说，是因为人们对于未知的东西总是心怀敬畏，因为不可预知，所以有所忌惮。正因为如此，底牌正式亮出来之前，才会别具威力。作为底牌的持有者，这也要求我们必须慎重对待底牌，既要保护好底牌，也要选择合适的时机把底牌亮出来，从而起到震慑的效果，出其不意，攻其不备。很多细心的人都发现，在通往成功的道路上，越是能够保护好底牌的人，越是拥有更大的可能性获得成功。

当然，这并不意味着我们必须对他人采取绝对保密的态度，毕竟每个人都要展示自己，否则总是藏着掖着，如何能够得到别人的理解和信任呢？这就涉及收放的问题。放，要求我们要合理展示；收，要求

不急躁，让人生逆流而上

我们要学会控制底牌，避免底牌轻易亮相，在他人面前失去谈判的筹码和竞争的资本。唯有收放自如，才能既大方证明自己的实力，也妥善保持自己的底牌，让事情进展得更加顺利，也在无形中增强自身的力量。

很多人都有过面试的经历。为了得到心仪的工作，面试的时候总是毫无保留地把自己在学习和工作中的一切成就都说出来。殊不知，把自己说得天花乱坠固然有利于得到工作，但是毫无保留地亮出所有底牌，只会导致后续发展乏力。例如，当得到工作机会，正式开始工作时，如果领导的期望过高，则职场人很可能因为表现得不够好，导致领导失望。反之，如果适度保留底牌，在关键时刻展示出来，给领导意外的惊喜，也切实帮助领导解决难题，效果就会截然不同。

有一个博士毕业后找工作四处碰壁，因为很多公司都说不需要这么高学历的人才，只需要本科生，甚至只需要大专学历的人才。接连被拒绝之后，博士决定隐瞒学历，只拿本科文凭去找工作。这一次，博士戒骄戒躁，没有对工作怀着过高的期望，而是在面试之后进入一家小公司工作。这家小公司是搞网络开发的。

进入公司之后，博士非常低调，总是努力工作。有一天，技术部门遇到难题，尝试了很多方案都无法攻克，正在老板急得团团乱转时，这位博士说："我来试试吧。"虽然老板并不相信这个平日里始终默默无闻的员工能把问题解决，但是也没有其他方法，只好死马当作活马医，把工作交给博士。博士大大出乎老板的意料，很快就把问题解决了。老板对博士大加赞赏，博士拿出硕士学位证，老板感慨道："我们公司里可真是人才济济，藏龙卧虎啊！"后来，老板提升博士为项目组长。

没过多久，一个用户在使用网络的过程中出现问题，公司派出技术员去解决问题，技术员却始终没有查明原因，为此用户很生气，坚决要求公司退款,还说公司的网络系统有大漏洞。这个时候,博士再次挺身而出:"要不我去看看吧,也许不是我们网络系统的问题。"自从上次见识了博士的能力,老板对他非常信任,当即让人订机票,让他亲自出马解决问题。果然,他经过一番测试证实,是客户自己的硬件设施出现问题,和公司的网络系统没有任何关系。这下,客户非但不要求退款,还特意提出让这位博士当他们公司的技术顾问。老板原本丢掉的面子被找回来了,高兴不已。这时,博士拿出博士学位证,老板当即宣布升任博士为副总,还诚挚邀请博士和他一起把公司经营好。就这样,博士的事业越来越好。

博士最初找工作的时候亮出了底牌,却因为学历太高,导致用人单位不敢用他。后来,博士调整策略,以本科生去应聘工作,而把博士学位作为底牌,等到最好的时机才亮出来,因而起到了很好的作用。实际上,每个人也许没有这么高的学历,却也要学会为自己保留底牌。唯有如此,底牌才会发挥更强大的威力,对他人产生震撼人心的效果。

在现实生活中,惊喜总是会起到让人喜出望外的效果,因而与其平铺直叙,不如设置悬念,在关键时刻揭示悬念,也放大自己的积极作用。即使你非常想一开始就证明自己,也要意识到语言的力量总是苍白的,所以不要在一开局就把所有能力展示出来。保持神秘感,留着在未来的工作中去揭晓,这对于你是更好的选择。

此外,保留底牌不但能给领导以惊喜的感觉,也可以在与对手的竞争中保持战斗力,获得更大的成功。在战场上,讲究出奇制胜。在实际的生活和工作中,也讲究后发制人。

总而言之,不管你面对的人是谁,或者是朋友,或者是敌人,或者是对手,都不要马上把所有底牌亮出来。唯有合理地利用底牌,你才更有竞争力,也才能在成功的道路上拥有加速器。

梦想，从不青睐怯懦的人

现代社会高手如林，每年都有很多高精尖人才毕业，走向社会，因而各行各业都竞争激烈，只有真正的强者才能在竞争中脱颖而出，为自己赢得一席之地。除了专业和能力之外，要想让人生变得与众不同，还要敢于梦想。很多人之所以能够创造奇迹，首先在于他们敢想，然后在于他们敢干。而有些人虽然能力不错，对于人生也怀揣着憧憬和渴望，但是常常与失败结缘，就是因为他们总是在博弈中因为信心不足而甘拜下风。还有些人常常没有开始，就因为胆小怯懦而轻易放弃。殊不知，努力尝试和挑战自我，也许不能获得成功，至少能从失败中汲取经验和教训。而如果总是故步自封，在没有开始的时候就选择放弃，非但没有成功的可能性，也会彻底失败。所以很多时候人们不是输给了客观存在的外界，而是输给了自己。

所以，不管我们面对的是强者还是弱者，如果一味地退缩，都会导致事情朝着糟糕的方向发展，也会导致自己信心全无，胆怯自卑。实际上，一个人要想变得强大，首先要从心理上激励自己不断地成长，成为心理上的强者，这样才算迈出了自我强大的第一步。所谓心理强大，就是在面对一切对手时都能坦然应对，而绝不自乱阵脚。而且，心理强大的人具有不可战胜的力量，他们当然会失败，但也能够踩着失败的阶梯不断前行。他们也会在成功的时候欣喜若狂，但是绝不会被喜悦冲昏头脑，变得狂妄自大。他们自信而不自负，他们明知道有危险存在，却愿意挑战自己，超越困难。所以勇敢对于他们而言是不打折扣的勇敢，而不是莽夫之勇，更不是初生牛犊不怕虎。唯有

七、成为心理战的狠角色，以强大内心征服他人

如此，他们才能由内而外焕发出力量，最大限度地提振信心。

林清玄从小家境贫寒，他的爸爸妈妈都是面朝黄土背朝天的农民，所以他小小年纪就跟随爸爸去田地里干活。有一天，在辛苦劳作之余休息的时候，林清玄直愣愣地看着远山，似乎已经神游物外。看到林清玄的样子，爸爸忍不住呼唤他："孩子，你在想什么呢？"林清玄看着爸爸，一本正经地说："我在想等到我长大之后，如果不做农活，也不需要出去打工，就会有人给我寄来很多钱。"父亲看着林清玄痴人说梦的样子，当即说："别再做梦了，你说的事情就像天上掉馅饼一样让人难以置信。"

后来，林清玄去上学。通过课本，他知道在世界上的一个地方居然有一座塔，叫作金字塔。回到家里，林清玄就赶紧把这座塔的故事讲给爸爸听，还告诉爸爸自己长大之后一定要亲眼去看一看这座塔。爸爸从未听说过埃及，当然不相信林清玄能去这样一个自己连听都没听说过的地方，狠狠地训斥林清玄："醒醒吧，你的脑袋瓜子里整日都装着什么啊！有这么瞎想的时间，还不如帮助家里干点儿农活呢！"虽然爸爸从来不相信林清玄的梦想，但是林清玄始终牢记着自己的梦想。

后来林清玄努力学习，顺利从大学毕业，因为热爱文字，文采斐然，每年都能出版好几本书。就这样，他实现了自己的第一个梦想，即坐在家里，不用出门工作，也不用种地，就能收到钱。后来，他还去了埃及，真正站在金字塔下面，他以金字塔为背景照了一张照片，邮寄给爸爸。可想而知，爸爸在收到这张照片的时候，一定会想起林清玄曾经因为这个梦想被他狠狠地训斥的模样。

生活中，很多孩子都信任父母，当父母对他们说一些否定的话，他们很快就会泄气，也会对自己失去信心。幸好，林清玄不是这样。哪怕爸爸对他的每一个梦想都很怀疑，他也总是激励自己在实现梦想的道路上砥砺

前行。让自己一步一步朝着梦想走去，距离梦想越来越近，所以他最终才能实现梦想，最大限度地成就自己的人生。

在实现梦想的道路上，人人都会遭遇艰难坎坷而无法自拔。越是在艰难的处境中，我们越是应该满怀信心，逼着自己不断前行。有人说，困难像弹簧，你强它就弱，你弱它就强。实际上，困难不仅像弹簧，也是强者崛起的契机，是弱者毁灭的深渊。每个人唯有遇到最强劲的对手和最糟糕的情况，才能真正激发出自己所有力量，证明自己是不折不扣的强者。遇强则强，是强者面对困难唯一的出路。

与强者相比，怯懦的人总是在遇到小小的困难时就想放弃，他们不会迎难而上，只会知难而退，却不知道没有任何人的人生会是一帆风顺的。与其被动地被命运裹挟，不如激发出自身的所有力量和勇气，拼尽全力去做好自己该做的事情。至少当你主动的时候还能做主，赢得先机，出其不意地制胜。

有的时候，命运的确会和人们开玩笑，它在人们猝不及防的时候，给人大大的挑战，也给人沉重的压力。如果一味地局限于命运之中，就像一只小舟在漫无边际的大海上航行，则最终不知所踪。此时，不如利用磨难的机会打造自己，让自己从一块顽石变成美玉，折射出夺目的光辉。

打破思维定式，出其不意取胜

我们可以借鉴他人成功的经验，却不能完全照搬他人成功的经验，这是因为他人成功的经验对他人适用，对你却未必适用。每个人都是这个世界上独一无二的生命个体，有自己的脾气秉性、性格特点、兴趣爱好和价值观念，所以没有人可以变成他人的复制品，只能保持自己的独特和独立。正是基于此，我们固然要与他人求大同，也要与他人存小异，这个小异，就是要坚持自己的个性特点，特立独行，决不盲从。在思维形式上，我们既要遵循思维的定律做人做事，也要打破思维定式，出其不意，攻其不备。

每件事情都处于不断发展和变化之中，为了顺应形势做出最佳的选择，我们还应该与时俱进，让自己的思维时时更新，也让自己的人生在不断进取之中拥有更多的突破机会和成功的可能性。从心理学的角度而言，所谓思维定式，也叫惯性思维，指的是人们因为此前的活动而使得心理上处于一种准备状态，对特定的活动表现出强烈的倾向性。当外部环境保持不变时，人们可以运用已有的经验迅速解决问题，而一旦外部环境发生改变，他们却因为因循守旧，始终在用固定思维去思考问题，由此进入死胡同，给思维上了枷锁。在现实生活中，思维定式的表现有很多种，例如有些人盲目照搬过去成功的经验，有些人盲目从众，这些都属于思维定式。沿用旧有的方式解决问题，到底是捷径还是思维定式，其实只取决于一点，那就是外部环境是否发生了改变。既然如此，在面对问题且试图解决问题的时候，为了避免思维定式，我们就要认真考虑外部环境是否发生改变，从而做出理性的选择和决定。

张强博士毕业后，因不喜欢进入社会纷繁复杂的环境，就留在学校里当老师。张强做事很用心，不管做什么事情都想做到最好，当老师也是如此。他给自己订立的目标是成为最优秀的老师。每次上课，尽管已经对课题很熟悉，张强还是绞尽脑汁想办法以更加生动形象和容易理解的方式，帮助学生们取得进步。

有一天，张强要给学生们讲述打破思维定势的论题，帮助学生们发散思维，在遇到问题时求变求新。张强没有像其他老师一样老生常谈对学生们展开说教，而是刚刚来到课堂上，就给同学们讲了一个故事。尽管已经是大学生，但是听到有故事可以听，同学们还是非常高兴。他们目不转睛地看着张强，不知道这个时常带来惊喜的老师要讲什么。张强讲道："有一个又聋又哑的人家里正在装修房子，因为缺少一些钉子，他就去五金商店购买。到了五金商店之后，他用左手的拇指和食指捏起来，就像拿着一颗钉子。然后，用右手握拳当作锤子，对着左手的拇指和食指上方做出敲击的动作。售货员看到这个动作，马上拿出一把锤子递给聋哑人。聋哑人摇摇头，用右手的食指指着左手，售货员心领神会，拿出几种不同规格的钉子给聋哑人看，于是聋哑人选择了合适的钉子。聋哑人才离开商店没多久，又来了一个盲人购买剪刀。请问同学们，这个盲人应该如何购买剪刀呢？"张强话音刚落，就有学生举手回答："当然是这样。"说着，这个学生还自作聪明地比画出剪刀手，做出剪纸的动作。听完这个学生的回答，有的学生表示认可，有的学生却哄然大笑。张强让一位哄然大笑的同学说说理由，那个学生说："这个盲人又不是聋哑人，他当然可以直接告诉售货员他需要一把剪刀啊！"那个以动作回答的学生顿时反应过来，羞愧得无地自容。

就这样，同学们很快理解了什么叫作思维定式。接下来，张强还为他们讲述了打破思维定式的各种方法和技巧。这节课很成功，让同学们印象深刻，理解也非常深刻。

思维定式既可以让人简便快捷地解决问题，也会限制人的思路，让人不知不觉中走入死胡同。现实生活和工作中，我们常常面对很多问题，既有刚刚出现的问题，也有经常出现的问题。对于新问题，因为没有经验可以借鉴，我们往往可以做到开拓思路，但是对于那些陈旧的问题，则往往会不知不觉中就陷入思维怪圈，对很多事情都会怀着习以为常的态度，也常常因为想象力受到限制，无法推陈出新。

要打破思维定式，既可以换一个角度去看待问题，也可以换一种方式去思考问题。对于很多复杂的问题,当我们打破思维定式,以最简单直接的思路来解决,说不定能够让很多事情随即发生神奇的改变。

面对危机,你要学习刺猬

自然界中每一种生物都有属于自己的生存之道。例如:捕蝇草可以捕捉苍蝇,变色龙最擅长的就是使自己的皮肤与周围的环境融为一体,在沙漠里还有一种喜欢储存粮食的土拨鼠……看着这些千奇百怪的生物,我们常常会感到惊奇和可笑,殊不知,这些生物正是有各自的生存之道,才能有效地延续生命。在诸多生物中,刺猬是一种非常有灵性的动物,它的生存之道更是值得人类借鉴和学习。

见过刺猬的人都知道,一旦遇到危险,刺猬就会第一时间把身体蜷缩起来,从而让所有刺都张开。这样一来,它们就能合理有效地保护自己,而把尖锐的刺朝向敌人。敌人如果想触碰刺猬,首先要受到刺的伤害,甚至还要流血。也因为有这样的保护,刺猬在很多危险情况下都能实现自我保护。自然界里拥有这样自我保护能力的动物还有很多。

对于每个人而言,人生固然有欢声笑语,更多的时候却是遇到泥泞和坎坷。只有真正的强者,才能在保护自我的基础上,懂得运用高明的自我保护策略。当然,人是没有刺的,那么人可以给自己穿上盔甲。所谓严防死守,大抵如此。常言道:"害人之心不可有,防人之心不可无。"这正说明我们不管是在顺境还是逆境之中,都要对危险的事情防患于未然。

最近,职场新人小吴感受到深深的危机感。原来,小吴并非毕业于名牌大学，也没有过硬的技能，而公司因为经济危机，要对同批招入公司的新员工裁员，只留下两个人，其他四个人都要作辞退处理。为此，公司也决定对新人进行为期一个月的考核，考察新人的能力，磨砺新人的意志力，留下最优秀和最有发展潜力的两个人。

得知这个消息，小吴非常紧张，因为这份工作对于他而言非常重要，他可不想失去这个千载难逢的工作机会。后来，小吴辗转打探，得知自己和亚丽之间要取舍一个。为此，小吴扬长避短，取长补短，认真观察亚丽的工作表现，决定在亚丽不擅长的方面表现特别优秀和突出。转眼之间，一个月的考核期过去，小吴因为在此期间几次帮助亚丽完善工作，理所当然地留了下来。当然，小吴知道竞争每时每刻都在进行，得到继续工作的机会之后，他未雨绸缪，开始努力提升自己，修补短板，发展核心优势。几年之后，小吴已经成为公司的中层管理者，职业前景一片大好。

面对有可能被辞退的危机，小吴没有怨天尤人，而是当机立断采取措施，最大限度地激发自身的潜能，以自己的优势来弥补亚丽的短处。这样一来，在短时间内，小吴当然可以表现出比亚丽略胜一筹的样子，也如愿以偿争取到了继续工作的机会。

人在职场，难免要与各种各样的对手竞争。实际上，既然竞争无处不在，无时不在，我们也无须过分敌视对手，而是应该把竞争当成工作的常态，坦然面对。有人说，看一个人底牌，看他的朋友；看一个人的实力，看他的敌人。由此可见，一个人的实力实际上是可以通过他的对手彰显出来的，因为只有实力相当的人才能以对手关系存在。有些高明的竞争者，不但不会扎伤对手，而且会想尽办法帮助对手，从而让对手与自己成为同一战壕的盟友，也由此导致与对手之间的关系越来越紧密，自身的力量也随之不断增强壮大。

在人生的道路上，我们只有摆正心态，坦然面对人生中的诸多问题，才能不断地进取，有效地激发自身能力，创造辉煌和成就。

越是形势好,越要慎重出招

不管做什么事情,要想获得成功,都要经历漫长的积累和长期的付出,才能以量变引起质变,让事情的发展获得实质性的突破。很多时候,我们眼看着胜利在望,忍不住欣喜若狂,却沮丧地发现一切好兆头都如同水中月镜中花一样。也有的时候,我们感到非常沮丧,因为外部的很多条件都不具备,事情的发展和走向也超出我们的预料,但是当我们拼尽全力去坚持,最终会发现已经不知不觉进入柳暗花明又一村的境地,凡事都在朝着好的方向发展。所以我们要更加坚持不懈,不要总是被动地接受很多事情,更不要在人生的困顿之中轻而易举地放弃。

所谓"小心驶得万年船",就是告诉我们必须小心谨慎,才能把所有问题都处理得恰到好处。

可见,成功是需要把握时机的。在战场上,经验丰富的将领会选择乘胜追击,彻底剿灭敌人,但是在与敌人周旋的过程中,他们一定会万分小心。自古以来,因为骄傲轻敌而失败的事例不胜枚举。所以我们也要铭记历史的教训,切不可因为一时的粗心马虎让人生后悔。

有一个年轻有为的画家常常灵感爆棚,几天时间就能完成一幅画。然而,随着时间的流逝,他的画作越来越多,都堆积在画室里,无人问津。看到画作滞销,画家很心急,他不知道如何做才能做得更好,也不知道自己到底是绘画技巧不够高还是运气不够好,所以无法把自己心血的结晶变成真正的价值。

不急躁，让人生逆流而上

一个偶然的机会，年轻画家参加绘画行业年会的时候，认识了一位德高望重、德艺双馨的老画家。年轻画家借此机会询问老画家："老前辈，我很喜欢绘画，也常常在灵感的驱使下如有神助一般顺利完成画作。对于这些画作，我本人是很满意的，也很得意，但是让人奇怪的是，这些画作总是销售不出去，导致我的画室已经堆满了各种绘画作品。我曾经举办画展，虽然有人来看，但真正愿意购买的人却少之又少。难道人们无法欣赏我的作品吗？"看到年轻画家这么忧愁焦虑，老画家沉思片刻说："我可以问问您完成一幅画作大概需要多久吗？"

年轻人听后得意起来，说："灵感来了，我只需要三天就能完成一幅画作。如果没有灵感，我也会主动寻找灵感，那么大概需要一个星期的时间，就可以完成一幅画作。"听了年轻画家的回答，老画家恍然大悟，他淡然告诉年轻画家："如果你能把三天变成三年，你的作品不但会受到追捧，而且价值也会成倍增长。"年轻人没有更好的方法改变现状，只得采纳老画家的建议，利用三年的时间完成了一幅画作。果然，他用三年画的一幅画作刚刚问世，就被一位收藏家以极高的价格收购了。

看起来老画家没有告诉年轻画家什么秘诀，然而，用心去品味，我们就会领悟一个深刻的道理：成功从来不是轻而易举就能获得的，只有不断地积累，经历时间的沉淀和发酵，才能创造价值，获得成功。尤其是作为年轻人，不要急功近利只想得到成功，而要先问一问自己是否已经储备了足够的养分，是否已经进行了充足的准备，是否已经等来了最佳的时机。

具体而言，要想获得成功，我们一定要有明确的目标。在确立目标之后，还要制订切实可行的计划。在坚持实现计划的过程中，我们会遇到各种各样的困难和障碍，在此基础上，我们也要学会借力，不要觉得自己能力超群，就不把别人放在眼里。从本质上而言，一个人即使能力再强，也无法依靠单打独斗获得成功。

八、拓展人脉关系，没有人能成为特立独行的英雄

人是群居动物，每个人都是社会的一员，当发现自身的力量不足以完成很多事情的时候，最好的办法就是融入优质的团队，依靠团队的力量战胜困难，让自己变得更加强大。在现代社会，人脉关系已经成为重要的资源，要获得成功，占据天时地利还远远不够，还要人和。所谓"得道多助，失道寡助"，一个人唯有得到众人的帮助，才能获得真正的成功。

发挥影响力，打造强力磁场

自古以来，那些伟大的人物身边总是聚集着很多人，并把众人的力量凝聚起来，变成合力，产生惊人的效果。从陈胜、吴广揭竿起义，到刘备广罗天下人才……那么，这些人有什么神奇的魔力呢？为何能够如同磁石吸铁一样，把很多优秀的人才都吸引到自己身边呢？归根结底，是因为他们拥有强大的影响力。

真正的强者有强大的磁场，他们不但自身具有力量，而且可以把这种力量发散出去，让这种力量如同电磁波一样对周围的人和事情产生积极影响。在这种影响下，强者会成为正能量的核心，也因为魅力倍增而吸引更多的追随者，从而进入良性循环，走上成功之路。当然，影响力并非与生俱来的，而是需要用心打造，也需要掌握技巧才能发挥出来的。

具体而言，影响力是由外而内形成的，也是由内而外散发出来的。从人际交往的角度而言，第一印象的好坏往往会影响人们后来的交往情况，所以要想成为具有影响力的人，首先要关注自己的外在形象，例如身体姿态、衣服服饰等。在军队里，讲究坐如钟、站如松、行如风，虽然我们不是铮铮铁骨的军人，但也要保持好的身姿，才能挺拔地面对这个世界，也给他人留下好印象。尤其是在很多重要的场合，即使我们平日里不修边幅，也要尽量打造完美形象。

除了这些硬件条件外，我们还要提升自我，以恰到好处的表达方式去说话，以微笑作为自己最好的妆容，这样才能对他人形成亲和力，从而与他人拉近关系,建立友好交往。有的人说起话来声音特别小,就像蚊子哼哼,让他人哪怕非常努力地倾听,也不能听到所有内容。有的人说话声若洪钟,却没有意识到有时候很多信息都是不适宜在大庭广众之下大声喧哗的。爱吃西餐的朋友知道,高档西餐厅里环境怡人,很少有人大声喧哗,所以在去西餐厅吃饭的时候,千万不要如同吃火锅一样热血沸腾,声若洪钟。

最后,气场的核心是自信。对于任何人而言,哪怕外部形象很美好,言行举止很恰当,如果缺乏自信作为支撑,也常常会陷入困顿,导致人生非常被动。因而真正有影响力的人,一定是非常自信的人。正是因为他们足够自信,所以才能以强烈的情绪感染他人。

当以上这些方面基本做到了,我们也就打下了形成影响力的基础。所谓万事俱备,只欠东风,接下来我们就要在长久的努力之中证明自身的实力,也以最大的信心和能力为自己代言。

作为班长,李运在班级里的声望还是很高的。暑假开学没多久,班级里好几个同学都患上感冒,而且出现咳嗽、发烧的症状。为此,班主任老师号召大家:"同学们,现在正值流感高发期,咱们全班同学每天都要在一起学习,亲密相处,一旦有同学感冒,很容易引发连锁反应。所以我建议大家都打流感疫苗,从我做起,保护好自己,也保护好其他同学。"孩子们当然不愿意去打针,毕竟冰冷的药水注射到肌肉里,绝不是让人愉快的感受和体验。为此,老师私底下询问李运:"李运,你对于打流感疫苗的事情是怎么看的呢?"李运想了想,说:"如果人人都打,效果就会很好。如果只有几个人打,流感还是会在班级里蔓延,那些没打的同学一旦感冒就会成为病毒的宿主,对其他同学造成伤害。所以,我觉得全班都要打。"看到李运的态度很明确,老师当即和李运商量对策,看看如何做才能调动起大家的积极性。

不急躁，让人生逆流而上

后来，班级里开展了一次投票，看看是同意打疫苗的人多还是拒绝打疫苗的人多，从而决定是否全班统一打疫苗。在正式投票之前，班主任老师说了一些鼓励的话，李运也作为班长上台表明态度。为坚定同学们的想法，李运还表示："即使大家不打疫苗，我也会自己去防疫站打疫苗，因为我觉得多一个打疫苗的人，班级的整体健康情况就会更好。美好健康的班级环境，需要我们每个人去努力建设，我希望大家都加油！"说完，李运就把票投入"同意打疫苗"的纸箱子。就这样，在李运的带动下，全班四十几个同学，有三十多人同意打疫苗。

在这次疫苗事件中，李运发挥了他作为班长的影响力，成功地说服同学们接受打疫苗，共同营造美好的班级环境。实际上，从心理学的角度而言，李运的动员比老师的动员更有效，因为李运与同学们处于同样的地位，而老师则没有这样的优势。老师也非常聪明，从李运开始做工作，从而让李运带头为同学们做好榜样作用。

现实生活中，影响力无处不在。在家庭教育中，孩子向父母学习为人处世，身上往往带有父母的影子，这就是影响力在发挥作用，因为父母在孩子心目中是非常权威的。走在街道上，有些人一旦看到路边有人在排队，他们甚至连问都不问，也会跟风排队，这恰恰是影响力在发挥作用。在很多慈善晚会上，往往会让身份和地位都重要的人带头捐款，从而给别人起到积极的引导作用，这也是影响力的魅力所在。只要理性认知影响力，培养自身的影响力，我们就能最大限度地发挥影响力的作用，推动和影响我们的工作生活。

寻找机会，结识生命中的贵人

俗话说："多个朋友多条路，多个敌人多堵墙。"在现代社会，人际关系更加重要，人脉资源更是成为影响人们成功的重要因素。每个人要想获得成功，除了要挖掘人脉资源，最大限度地利用人脉资源之外，也可以根据自身的成长需要，主动找机会结识生命中的贵人。这样一来，就相当于人生之中又多了一座桥，人生的道路上多了一些机会。

正如一首歌所唱的"爱拼才会赢"。实际上，拼搏不仅表现在努力把很多事情做好，拼尽全力去完善生命的技能，也表现在抓住机会拓展人脉关系，让人脉资源成为自身成功的保证。一个人只有能力和技巧，还不足以在现代社会取胜，唯有经营好人脉，才如虎添翼，让生命力更加旺盛。看到这里，也许有些人会说，哪怕非常努力，有时候也无法收获成功。的确，所谓"种瓜得瓜，种豆得豆"，只是相对而言。残酷的现实告诉我们，成功需要诸多方面的条件，尤其是人际关系和人脉资源更是不可或缺的成功条件。

正是基于此，我们必须寻找机会，结识生命中的贵人。需要注意的是，书到用时方恨少，在结识贵人的时候，一定不要等到事到临头才去巴结贵人。哪怕不是贵人，而是普通的朋友、同学，也唯有在日常生活中常来常往，保持关系，等到关键时刻才能派上用场。实际上，这更像是一种人情投资。当然，当如愿以偿地得到贵人相助之后，也不要把贵人抛到脑后，唯有继续与贵人交往，在力所能及的时候也全力以赴地帮助贵人，与贵人之间的关系才会更加稳固。

　　每个人的能力都是有限的，所以很多人即使付出很多，也无法在每一件事情上都获得成功。换言之，一个人即使在某些事情上独具天赋，也无法把其他事情做得同样出类拔萃，让人无可挑剔。这是因为术业有专攻，每个人既有优点和长处，也有缺点和不足。一定要调整好心态，才能扬长避短，取长补短，在生命的道路上走得更加平稳，努力向前。

　　也许有些人会说，我的确很想结交贵人，但是不知道哪些人才是贵人，也不知道哪些人是有用的人。的确，贵人的脑门上也没有写字。当你必须结交贵人的时候，意味着你已经产生了急功近利的心理。实际上，真正的贵人未必真的非富即贵，也未必能够马上就帮你的忙。所以拓展社交圈子，结识更多的人，一定要摆正心态，而不要总是带着预设的目的，更不要试图当即就让贵人发挥作用。所谓"路遥知马力，日久见人心"，这正告诉我们人与人之间相处是需要时间的。常言道，画虎画皮难画骨，知人知面不知心。唯有在长期与人相处的过程中，我们才能与他人加深了解，把准他人的脉搏。想明白这个道理，你还觉得贵人可遇而不可求吗？

　　进入公司之后，小雅一直小心谨慎，谦虚低调，哪怕对清洁工，她也毕恭毕敬，张口阿姨，闭口阿姨，为此清洁工阿姨很喜欢小雅。有一次，小雅带了一些水果去公司，洗干净之后分给办公室里的同事吃，还专门送给清洁工阿姨一些。清洁工阿姨感动极了，连声感谢小雅。因为很善于经营人际关系，小雅与同事们的关系和谐融洽，与清洁工阿姨也相处友好。为了感谢小雅，清洁工阿姨还特意做了野菜包子，带给小雅吃。

　　有一天，小雅正在咖啡间喝咖啡，清洁工阿姨突然找到小雅，神秘兮兮地对小雅说："小雅，我有件重要的事情要告诉你。"小雅很惊讶，清洁工阿姨能有什么重要的事情告诉我呢？不过，她还是面带微笑倾听。清洁工阿姨告诉小雅："小雅，我在张总办公室里打扫卫生的时候，听到张总和刘总商量着下半年要出国考察的事情,他们还需要一个翻译。当时,张总说公司里好像没有英语特别好的,所以准备到时候聘请一个翻译。我记得你是英语八级,你英语底子这么好,如果能再熟悉一下工作上的内容,那么老总肯定首先带着你去考察啊!"听到这个消息,小雅很震惊,这无疑是内部消息。很快,小雅报名参加了商务英语培训班,还参加了口语训练营。在短短三个月的时间里,她的英语口语水平就有了突飞猛进的提高,商务英语更是说得非常专业。

又过去几个月,老总还是没有说出国考察的事情,正当小雅以为出国考察也许遥遥无期的时候,老总宣布要去美国考察和学习半个月。这可是个千载难逢的好机会啊,原本以小雅的资历,这样的好事情根本轮不到小雅,但是小雅也打听过,聘用一个专业英语翻译,还要懂商业的,半个月的费用至少3万元。为此,小雅主动请缨,请求给老总当翻译。当小雅以一口流利的商务英语为老总翻译商务资料时,老总简直震惊了,当即一拍桌子:"我们公司真是卧虎藏龙啊!"

就这样,小雅顺理成章和老总一起去美国考察。美国的这次考察,一则是因为出国能镀金,二则是因为出国期间与老总近距离接触,也能学习很多工作经验,所以千金难买。小雅的英文帮助了老总,也帮助了公司,老总在美国考察期间拿下了几个订单,建立了与美国公司的合作。回国后,老总先是把小雅提升为他的专职助理,负责与美国公司的交涉,后来又把小雅派驻美国。当然,小雅也没有忘记大力感谢清洁工阿姨,正是因为清洁工阿姨好心的提醒,她才能抓住千载难逢的机会。

在善待每一个人的时候,小雅一定没有想到那些经验丰富的老同事并没有帮她什么,反而是默默无闻的清洁工阿姨及时告诉自己这个重要的消息。当然,得知消息只是一个开始,小雅当机立断开始着手准备,这同样是必不可少的关键环节。假如小雅怀疑阿姨所说的话,又担心自己当机立断的投入打了水漂，那么她就会错失良机。当然，如果没有清洁工阿姨及时传来消息，也就没有接下来的事情。由此可见，成功总是环环相扣的，只要有一个环节掉链子，就会导致事与愿违。

看到小雅的经历，你还坚持要结识显而易见的贵人吗？没有人知道自己的贵人是谁，也没有人知道谁将会在自己的生命中发挥重要的作用。唯有广泛拓展人脉关系，结识更多的人，才能让自己积累人脉资源，让自己距离成功越来越近。

抓住机会，让自己成为"中心"

在社会交往中，每个人要想拥有丰富的人脉资源，既要处理好人际关系，与人友好相处，也要凸显自己的优势，让自己成为众人关注的中心，取得更好的发展和成长。所谓"尺有所短，寸有所长"，每个人都有自己的优势和长处，也有自己的劣势和不足，越是如此，就越不能自暴自弃，而要扬长避短，取长补短，卓有成效地提升自己。

在社会交往中，当一个人处于中心位置，在做很多事情的时候就会更加便利。反之，如果处于附庸地位，很多时候，在很多事情上都无法占据主动，也会给自己带来莫大的麻烦。细心的人会发现，大多数在生活中出类拔萃的人，都是因为他们坚持奋进，不甘心屈居人下。而那些自甘平庸的人，则总是畏畏缩缩，导致在生活中被动而艰难，更不可能拼尽全力去努力。这就是成功者与失败者最大的区别：成功者有理想，而失败者总是自甘沉沦。

八、拓展人脉关系，没有人能成为特立独行的英雄

要想成为中心人物，就要学会发展自身的优势，打造自身的魅力，从而让自己走到哪里都万众瞩目，拥有璀璨的华彩。心理学家曾经研究证实：大多数人的先天条件其实相差无几，之所以有的人成功，有的人失败，就因为成功者知道自己的优势所在，也能激发出自己所有潜能，拼尽全力去努力；而失败者总是自卑消沉，怀疑自己，不够自信，导致在人生的道路上常常沉默，也错失很多机会。一个人要想成功，成为人群的中心，就一定要先理智客观地认识自己，弄清楚自己的优势所在。这与木桶理论恰恰相反，他们需要做的不是弥补人生的短板，而是发挥人生长板的作用，以此掩盖短板的不足。

如何才能知道自己的优势呢？古人云，不识庐山真面目，只缘身在此山中。一个人最熟悉的人是自己，最陌生的人也是自己。因而要想了解自身优势，除了要加深对自己的了解，还可以有意识地征求旁观者的意见，综合他人的意见，把自己打造得更加完美。此外，在不断尝试的过程中，有心人也会知道自己擅长哪些方面，不擅长哪些方面，从而做自己擅长的事情，这才是最重要的。此后，在积极的自我暗示中，我们的各个方面都会得到好的发展，也会变得更加优秀和杰出。

公司里原计划的研讨会如期召开，但是因为负责会议主持的蒋主任开车来公司的路上发生了小剐蹭，所以会议处于无人主持的状态，一片混乱。正在大家犹豫着是否继续研讨的时候，小张自告奋勇当起主持人。小张对大家说道："同志们，虽然蒋主任有些小意外没有来，但是不要影响我们的会议，我想如果蒋主任知道我们如常举行会议，也会感到非常高兴。接下来，我们就按照座次依次发表见解，听众可以把意见和想法记载在纸上，这样等到发言结束，大家可以根据记载的内容发表见解。"

虽然大家一开始并不认可小张，也觉得小张是一只"出头鸟"，但是想到会议也不能就这么无缘无故地取消，所以他们还是根据小张的安排，

开始按部就班地讨论。后来,小张极力调动气氛,最终让大家的勉为其难变成了积极踊跃,因而这次会议最终圆满结束。小张还自告奋勇总结会议内容,写好会议汇报,交给了蒋主任。蒋主任看到事情安排得这么井井有条,不由得对小张刮目相看。

后来,当蒋主任需要一个助理时,蒋主任马上毫不犹豫提升小张担任他的助理。在小张的配合下,蒋主任的工作越来越如鱼得水。又过了几年,蒋主任高升,特别推荐小张接替他的职务。就这样,小张因为蒋主任的一次小剐蹭,为自己争取到"时势造英雄"的机会,从同事中脱颖而出,成为部门里现管的核心人物。

人在职场,一定要眼疾手快,才能抓住各种机会展现自己。就像上述事例中的小张,正是因为抓住机会,最大限度地展示自己,以成功的会议证明了自身的能力。和小张一样,当时还有很多同事在场,但是他们却没有勇敢地站出来,自然与小张不可同日而语。

在这个世界上,每个人都是独一无二、无可替代的。我们一定要挖掘自身的优势,发展自身的优势,从而知道怎样更好地成就自己。记住,"天生我材必有用",我们一定要相信自己,相信相信的力量,才能发挥自身的优势,创造生命的奇迹。

此外,我们还需要注意的是:以自我为中心,并非意味着要唯我独尊。每个人都有自身的优势,我们也许在这个方面比别人强一些,但是在其他方面就会相对弱一些,所以既不要因为自己有某方面的优势而妄自尊大,也不要因为自己的弱点而妄自菲薄。真正的强者不但相信自己,也会相信他人,所以能与他人处理好关系,也理所当然成为人际交往的中心和灵魂人物。

常言道,"木秀于林,风必摧之","枪打出头鸟"。实际上,出类拔萃,成为中心人物,并不是成为那个高于森林的树木,也不是成为那个被枪打的出头鸟，而是要成为主角，拥有强大的气场，给自己带来精神上的力量，也给他人带来更加美好的体验和感受。要做到这一点，我们就要由外而内地包装自己和散发从容不迫的魅力。

 放下猜忌，拥有一辈子的朋友

在这个世界上，人人都需要朋友，唯有在朋友的支持和帮助下才能更好地生存，所以没有朋友的人注定是孤独的。常言道："知己难求。"一个人要想得到朋友也许很容易，但是要得到知己却很难。在日常生活中，我们要用心地对待朋友，以真诚对待朋友，这样才能交到真朋友。想想看，等你们白发苍苍，如果还能时不时地聚首，这岂不是很美好的事情吗？

要想经营好友谊，最重要的是放下猜忌。现实生活中，很多人虽然渴望友谊，也希望有更多的朋友，却始终不能完全信任和理解朋友。所谓人心隔肚皮，他们常常肆意揣测朋友，也导致原本就脆弱的友情受到伤害和打击。从另一个角度而言，内心充满猜忌的人也是非常痛苦的，因为他们总是疑神疑鬼。从本质上而言，猜忌是一把双刃剑，常常让人际关系变得紧张恶劣，也使得人与人之间无法友好相处。因而在结交朋友之前，我们一定要清除内心的猜忌，最大限度地打开心中的困惑之结，充满喜悦地迎接朋友的到来。

其实，不仅朋友之间，在所有人际关系中，猜忌都如同慢性毒药，看起来不会在短时间内造成杀伤力，实际上日久天长，会产生比所有武器都严重和糟糕的毁灭性打击。经营一段感情，往往需要漫长的时间去相互了解，彼此体谅，真诚用心，而猜忌一旦到来，这样的感情就会瞬间土崩瓦解，此前的一切努力也会付诸东流。要想维持友谊，有良好的人际关系，我们就要想方设法地消除猜忌。否则，原本情比金坚的夫妻会彼此仇恨，形同陌路；原本彼此亲近的朋友会相互疏离，甚至相互伤害；原本和谐友好的人际关系，也会在转眼之间变得恶劣糟糕，导致人与人之间陷入一场噩梦。任何时候，我们都不要猜忌朋友。如果心中有疑惑，最好的方法就是询问清楚。这样一来，不但自己内心轻松，他人也会因为得到你的询问而不会对你产生误解。

在一个不见天日的海底深处，有两种非常特别的生物。这两种生物分别是头盔鱼和巨蝎虾。头盔鱼完全是因为形状而得名，它的头上长着一个类似于头盔的东西，这使它的头部特别大，看起来非常笨重。它游动几分钟就会气喘吁吁，不得不停下来休息一段时间。不过，造物主总是公平的，头盔鱼尽管行动笨拙，但是感觉非常敏锐。它能感受到海底细微的变化，第一时间作出反应。相比头盔鱼，巨蝎虾恰恰相反。巨蝎虾尽管行动敏捷，在发现目标之后第一时间就能冲上去捕捉到食物，但是它的感觉非常迟钝，往往是目标已经逃之夭夭了，它还没有反应过来呢！

为了更好地生存，头盔鱼和巨蝎虾就相互合作。头盔鱼负责观察，巨蝎虾则根据头盔鱼的指令冲锋陷阵，合力捕获猎物。在食物充足的日子里，头盔鱼和巨蝎虾合作得非常愉快，它们吃得肚饱溜圆，不亦乐乎。但是，随着食物越来越少，头盔鱼和巨蝎虾的矛盾也逐渐产生。在头盔鱼的指挥下，如果巨蝎虾没有捕捉到食物，头盔鱼就会勃然大怒，觉得自己受到了头盔鱼的捉弄。为此，巨蝎虾开始攻击头盔鱼，头盔鱼顶着笨重的大头逃之夭夭，最终，头盔鱼被巨蝎虾的死缠烂打弄得陷入绝境，只得与其决一死战，同归于尽。

看到这个故事,你是否想到了地狱和天堂的区别。据说,在地狱里,每个人都面对着眼前的食物吃不到肚子里,是因为他们的筷子太长了,不能夹取食物放到嘴巴里。为此,他们只能忍饥挨饿,整夜哀号。而在天堂,每个人都拿长长的筷子,夹起食物喂到对面那个人的嘴巴里,这样一来,每个人都可以通过合作吃得肚饱溜圆,过着幸福的生活。一开始,头盔鱼和巨蝎虾的合作让它们如同生活在天堂里,后来,巨蝎虾因为捕捉不到食物而对头盔鱼产生猜忌,导致与头盔鱼发生厮杀,让彼此转瞬之间都陷入地狱,甚至因此失去宝贵的生命。

其实,不仅大自然里存在这样的现象,在人类社会中同样屡见不鲜。现实生活和工作中,很多人都知道应该相互合作的道理,但是他们却不能完全合作。这都是猜疑在捣乱。细心的人会发现,一切合作都要建立在信任的基础上,否则就会导致关系破裂,甚至事与愿违。遗憾的是,现实生活中总有些人神经过敏,他们动辄捕风捉影,还会把没有的事情说成有的,喜欢传递流言蜚语,这些行为的负面作用是非常严重的。每一个猜忌的人,要想让自己的人生变得更加阳光明媚,就要从猜忌的地狱中逃脱出来,找回生活的激情,找回对生命的热情。

也许有人说,过度相信朋友很容易受到伤害。的确,这种可能性是有的,因为我们很有可能被一些别有用心的人蒙蔽,也无法保证自己遇到的每个人都是真诚友善的。但是如果我们因为这个原因而故步自封,不敢再结交朋友,不愿意信任别人,无疑是得不偿失的。人生总是会有各种不如意,我们也常常会遇到自己不喜欢的人,甚至受到恶意的伤害,但是在提高自我保护意识的基础上,一定不要因噎废食,也不要因为一次偶然的伤害就怀疑整个世界。归根结底,这个世界上还是好人多,当你真诚友善地对待他人,你也会得到同样的对待和回报。

对待朋友,一定要多几分信任,少几分猜忌,这样才能减少误会,让友谊为生活增添乐趣。

成人之美,舍弃才能得到

有人说,人生就是不断犯错的过程,也有人说,人生就是不断选择的过程。其实,这都不是人生的本质,真正的人生总是要不停地舍弃和得到,并且努力维持得失之间的平衡,从而达到生命的最佳状态。仔细想一想,那些患得患失的人不就是因为怀疑自己得到的太少,而失去的太多吗?所谓的知足常乐,不就是告诫我们要珍惜拥有,满足拥有吗?正如人们常说的:"贪婪是人生无底的黑洞。"每个人在人生的道路上一定要摆正心态,降低欲望,才能爱我所有,珍惜所有,也才能得到满足的快乐。如果总是愤愤不平,抱怨命运不公,就无法做到心平气和地接受命运的安排,更不能愉悦地享受人生。

生活并不总是如意的,面对生活的艰难和命运的挫折,有些人可以灵活变通,圆滑地处理好很多问题。而有些人不懂得变通的道理,明知道事情很棘手,却始终不愿意放手,这就像是一个人走进死胡同里,有种不撞南墙不回头的坚持。做事情既要坚定不移,也要灵活对待。毕竟事情每时每刻都在发生变化,唯有保持与时俱进,随时更新自己的思想,调整应对的策略,才能处理好事情。

得到与失去之间,总是能相互转化的。有的时候,看似得到,实际上是失去;有的时候,看似失去,实际上放手别人也放了自己,让自己得到快乐与满足,这才是最重要的。因而当人生遭遇巨大的变故,原本属于自己的东西再也留不住,不要悲伤,不要抱怨,要学会放手,成人之美,也就是成全自己。常言道,宽容他人,就是宽容自己。唯有对这个世界心怀宽容,我们才能拥有天高地远的人生。

思思与张伟结婚三年了,正计划要孩子,思思却发现张伟有了婚外情。思思与张伟是大学同学,她无论如何也不愿意接受这样的现状。为此,哪怕张伟已经提出离婚,思思也使出了一哭二闹三上吊的撒手锏,不愿意放手。在漫长的离婚大战中,原本美丽、善良、宽容的思思,如同鲜花凋零一般憔悴了。她不知道如何面对未来的人生,也不知道自己将要何去何从。看到思思这么痛苦,曾经支持思思和张伟耗到底的父母也改变了想法。

父母苦口婆心地劝说思思:"思思,放手吧,张伟是铁了心要离婚,你就算留得住人,也留不住心,而且现在人也无影无踪了,徒留婚姻的虚名还有什么意义呢?你还年轻,你们也没有孩子,离了婚就和单身的女孩一样,你就完全自由了,也有权利去追求自己的幸福,这不是在拯救自己吗?"不管父母怎么说,思思就是不愿意听。直到有一天,思思的几个闺蜜特意请思思一起喝酒,面对情绪崩溃的思思,一个闺蜜恨铁不成钢地说:"思思,你就把自己看得那么贱,非要为这个渣男陪葬吗?"闺蜜一语惊醒梦中人,思思这才意识到自己已经在这段不值得留恋的感情中困顿了太久,导致张伟在最初提出离婚时对她还残存的一丝丝愧疚,如今也完全消失了。

痛定思痛,思思决定放手张伟,给自己生机,也给张伟生机。当接到思思的电话,听着思思以平静的语气说同意离婚,张伟如释重负,甚至感动得哭起来:"思思,我真的是觉得咱们过不下去了,感谢你放手我,我会一辈子感激你的。"彻底放下的思思在办完离婚手续后大睡三天三夜,等到起床的时候,她又是那个阳光明媚的思思了,有种获得了新生的感觉。思思全力以赴地工作,全心全意地经营生活,还利用休年假的时间陪伴父母去旅行。看着思思一天比一天好起来,年迈的父母也终于放下心来。一年多后,思思身边出现了一个更优秀的男生,他被思思的成熟淡然打动,也很心疼思思曾经遭遇的感情之伤,为此,他全力以赴追求思思,也以各种贴心的关怀和照顾向思思证明,他绝不会是负心汉。

精诚所至,金石为开。虽然思思因为上一段感情的伤害而不敢投入去爱,但在这个男生全心全意的付出下,思思最终被打动。现在那个幸福快乐的思思又回来了,她再也不憎恨张伟,甚至还真心感谢张伟的背叛才成就了她今日的幸福。

思思从憎恨张伟到感谢张伟,这期间的心路历程是漫长的。走过这段艰难的心路,证明思思的心态真正成熟起来,能够坦然面对过往的感情,从容迎接美好的未来。正如人们常说的"爱的反面不是恨,而是遗忘"。当一个人始终憎恨着另一个人,恰恰证明他的内心没有完全放下。唯有遗忘曾经的爱和憎恨,才意味着新生。

在这个事例中,思思不但放了张伟,也放了自己。这样的宽容是共赢的,否则就会导致自己陷入困顿无法自拔。人生总是难以十全十美,顺心如意,与其一味地陷入人生困境,不如努力地打开心扉,积极地去接纳很多事情。对于生活,每个人都要懂得圆融之道,否则哪怕撞得头破血流,也无法成全自己。尤其是在陷入与他人的纷争之中时,不如及时止损,让自己的内心消除焦虑和仇恨,也让他人的感受更加轻松自如。

古人云,"鱼与熊掌不可兼得也",这告诉我们舍弃并不是彻底失去和放弃,而是一种明智达观的选择。人生的道路上,每个人都会经历很多事情,与其背负着沉重的心理负担艰难前行,不如学会清空心灵,让自己能够轻装上阵面对人生。有的时候，欲望太多也使人失去很多东西。这种情况下，还应该有效降低欲望，从而让自己生活得更简单，内心也更加简单纯粹。如今，很多人提倡极简生活，这有一定的道理。生活中，真正的必需品其实很少。与其被金钱和物质所累，不如卸下不必要的包袱，让自己轻松自如地面对生活。

九、人在职场，既要杀鸡，也要有"牛刀"

人们常说"杀鸡焉用宰牛刀"，的确，如果真的是去杀鸡，的确用不到宰牛刀。但是如果是去宰牛，用杀鸡的刀是不行的。人在职场，随时都有可能遇到各种情况，所以不要对工作抱有侥幸心理，也不要自以为很高明，就轻视周围的人。要想在职场上游刃有余，如鱼得水，既要有杀鸡的刀，也要有宰牛刀，这样才能兵来将挡，水来土掩，以良好的心态和真正的实力，为自己的成长和发展奠定基础。

把工作当成事业来做

现代职场,之所以很多人都感到心力交瘁,没有良好的表现,是因为他们都是把工作当成工作,而没有把工作当成事业。如果对工作抱着做一天和尚撞一天钟的心态,那就会动力全无,身心疲惫。有人说,能从事自己喜欢的工作是很大的幸运。遗憾的是,现代职场上的很多人都没有机会从事自己喜欢的工作,而是迫于生计从事一份谋生工作。在这种情况下,如果不能改变外部的一切,最好的做法就是调整好心态,把工作当成真正的事业去做。

在"选我所爱"与"爱我所选"之间,显然后者更容易做到,既然如此,就不要纠结于自己是否能根据自身的情况做出最佳的选择,而是要真正爱上自己所选择的事业,从而发挥主观能动性,把工作做好,让自己有所成就,有所发展。

有哲学家说过,每个人对待自己的人生,实现人生价值的方式之一就是工作,当然,在此过程中,也会感受到人生的幸福快乐。从这个意义上来说,当一个人发自内心地热爱他所从事的工作,就相当于朝着成功迈出了重要的一步。

不可否认,人生尚且不能如意,何况是工作呢?在工作的过程中,我们很难对各种各样的情况都满意,也经常会遇到形形色色的障碍和困难。这个时候,不要局限自己的眼光,而是要站得更高,看得更远,努力激发自身的一切潜能,然后把工作中的每件事情都做到最好。很多情况下,工作上的成功不是一蹴而就能获得的,更重要的在于长期坚持。唯有不断坚持下去,克服困难和阻碍,我们才能始终向着成功迈进。

就像人们常说的,没有人能够在爱情之中始终保持激情,同样的道理,也没有人能够在工作中始终对工作保持热情。哪怕从事自己喜欢的工作,在遇到各种不如意和坎坷挫折的时候,人们同样会感到心力交瘁。既然热情不能持久,我们又该怎么办呢?我们要把工作当成事业去做,才能坚持下去,决不放弃。

齐瓦格出身贫寒,迫于生计,他小小年纪就辍学,十几岁就去打工。即便生活很艰难,齐瓦格却始终对于生活满怀希望和信心。有一段时间,他当了马夫,每天都在奔波忙碌,过着最劳累的生活。但是,他心中的希望从未泯灭过。为了给人生更好的出路,他始终都希望能够尽快改变命运。

一个偶然的机会,齐瓦格去了一个工地当建筑工人。这个工地属于钢铁大王卡耐基,齐瓦格从进入工地的那一天开始,就决定从工地上腾飞命运,让自己变得更加优秀和出类拔萃。因为工地上的工作很累,薪水也很低,所以很多工人都是当一天和尚撞一天钟,每当工头不在现场,他们就想方设法偷懒,磨洋工,从而减少付出。然而,齐瓦格始终坚持不管工头在不在都一个样子,因为他很清楚自己缺乏经验,所以他加快速度学习,并且经常向经验丰富的工友请教。当结束在工地上劳累辛苦的一天,大多数工友会喝酒、打牌、聊天,唯独齐瓦格与众不同,他总是捧着一本书,躲在宿舍的角落里专心致志地看书。有一天,工地负责人来宿舍查看情况,发现齐瓦格正在勤奋学习,非常欣赏齐瓦格的精神,因而把齐瓦格提升为技师。这样一来,他的工作相对清闲,也就有了更多的时间看书。

工友们看到齐瓦格得到晋升,挖苦讽刺齐瓦格,齐瓦格不以为意。他告诉工友们:"我在工地上干活不是为了老板,也不仅仅是为了养活自己,而是要一步一步地实现自己的梦想，改变自己的命运。这一切，都要通过不断努力才能实现。我必须让自己变得物超所值，才能得到老板的赏识，才能得到更多更好的机会。"齐瓦格是这么说的，也是这么做的。正是在这种思想和人生信念的指引下，他一步一步走向了更好的未来。

后来，卡耐基的合伙人琼斯发现已经身为总经理的齐瓦格总是每天早早就赶到工地，不由得很纳闷："齐瓦格，以你现在的身份地位，已经不需要这么努力打拼，也不需要第一个赶到工地。你为何要这么做呢？"

齐瓦格说："早点儿到达工地，万一遇到紧急情况，我就有更多的时间去处理问题。"后来，琼斯非常器重齐瓦格，还把齐瓦格提升为他的助手。在琼斯不幸去世之后，齐瓦格接替了琼斯的工作，并把工厂管理得井井有条，也使得工厂的效率提高，创造了极大的价值。

在这个事例中，齐瓦格从一个连小学都没上过多长时间的穷小子，到一个建筑行业的普通工人，又成为工厂的总经理、厂长，到最后成为卡耐基钢铁公司的合伙人，这无疑是一个非常励志的过程。听起来这是一个传奇的故事，让人在惊讶之余感慨万千，实际上，在真正这么做的过程中，齐瓦格一定付出了加倍的努力。难道齐瓦格的成功是因为他对工作满怀热情吗？当然不是。是因为他把工作当成事业，当成改变命运的契机，也当成是人生腾飞的唯一途径。正是因为如此，齐瓦格才能以事业成就人生，彻底改变自己的命运。

具体而言，把工作当成事业去做，就要满怀自信地投入工作之中，清楚自己的目标是什么，也要憧憬实现目标的美好未来，从而把自己从无休止的抱怨中解救出来，发现和感受工作的乐趣。一个人，唯有把自己从工作的奴隶状态转化为工作的主人，才能最大限度地激发自身的主观能动性，全力以赴做好工作。很多人对于工作的认识都很粗浅，觉得工作只是谋生的手段。实际上，这样的想法禁锢了自身的发展，因为当一个人把对工作的认识局限在养活自己，他们就无法真正把工作视为事业，更无法全力以赴完成工作。把工作当成事业，除了要自信，还要制定远期的职业发展规划。唯有把工作与职业生涯发展联系起来，人们才能最大限度地激发出自身的主观能动性，始终对于工作保持源源不断的动力。

有一位伟大的企业家说过，在整个企业里，最糟糕的员工就是把工作作为获取薪水手段的员工，他们尽管在工作中的表现可圈可点，也能够按时完成工作任务，却毫无创新的思想和能力，更没有可能在工作中有突出的发展和表现。由此可见，工作一定不要被动进行，而应该积极主动地、全力以赴去做。工作不仅仅是为了生活，也不仅仅是为了养活自己和家人，更是为了证明我们存在的意义和价值，从而让人生扬帆起航，驶向更加遥远的目的地。

对待工作，你要有理想

人，到底为什么而工作？对于这个问题，每个人给出的回答都不同。有人说为了活着而工作，有人说为了改变命运而工作，也有人为了给家人更好的生活而工作，还有人说因为实在太无聊去工作。不得不说，这些理由之中，不乏有一些有力的理由，可以支撑人们全力以赴做好工作，但是这些都不是最充分的理由。对于每个人而言，更要为了理想去工作，这样才能在热情、兴趣都渐渐消退之后，依然对于工作充满主动性。否则，当一个人工作的目的只是赚取微薄的薪水，他注定会非常平庸，无法获得梦寐以求的成功。他也许会把工作做得很到位，把每一项工作任务都保质保量地完成，但是他绝不会在工作上有突出的发展和进步。

所以，人一定要有理想。理想是工作的指明灯，也是人生的灯塔。对于工作，每个人唯有最大限度地激发出内心的热情和持久的动力，才能以更好的姿态呈现在工作中。记住，任何时候都不要对工作三心二意，哪怕行为上的表现一样，对于工作投入的态度不同，就会使结果变得截然不同。记住，如果想从工作中得到馈赠，就要全力以赴，就要拼搏进取。任何时候，脚踏实地、坚持不懈地做好每一件事情，才是通往成功的捷径。

大学毕业后，思思进入现在的这家化妆品公司工作。从一个从来不为生活担忧的大学生，到进入竞争激烈、"压力山大"的销售行业，思思的人生跳转几乎没有给自己缓冲的时间。为了在工作上有所成就，她坚持不懈地完成每天的工作量，坚持打电话，坚持进行陌生拜访，哪怕是被陌生人拒之门外，她依然全力以赴。即使三个月都没有任何销售业绩，思思也从未放弃过。从本质上而言，这么做并非因为思思多么喜欢销售工作，销售工作的辛苦和疲惫她很清楚！她的家在遥远的农村，她在这个城市孤立无援，没有任何根基，要想在短时间内积累一些原始资金，她只能从事销售。正因为如此，她才在找工作的过程中放弃那些安逸的工作，选择吃苦受累地从事销售工作。

三个月的试用期过去，思思已经没有无责任底薪，这就意味着如果没有业绩，就是免费为公司做宣传。但是，思思不愿意退出，她继续坚持着，只想给自己的辛苦一个交代。她看到公司里有几个经验丰富的销售员，每个月都能拿到上万元薪水，她尽管不是为了薪水而工作，但是她知道要想实现理想，也必须这样一步一步走下去。为此，她选择不要报酬继续工作。就这样，她每天都拎着化妆品样品去各个小区里进行拜访，去写字楼里进行推销。终于有一天，有一个通过网络联系的客户表现出购买的意向，但客户是个谨小慎微的阿姨，很担心上当受骗。思来想去，思思决定把化妆品购买下来给客户寄过去，而等到客户试用满意再付款。同事们都劝思思不要这么做，以免上当受骗。思思相信客户，也愿意为了自己的前途搏一搏，为此，她义无反顾。

就这样，思思终于成功地推销出去生平第一套化妆品。这个小小的成功给了她信心和勇气，接下来的日子里，她前期的积累不断得以回报，思思的业绩越来越高，也趋于稳定。才一年多过去，思思就成为销售主管，并把自己的精神传递给团队里的每一个成员，最终打造出公司的精英团队，她也因为在工作上的杰出表现，晋升为公司的区域销售总监。

思思看到自己距离成功越来越近，非常开心，并继续努力向前，直到实现理想，到达人生成功的巅峰。

思思之所以能成功，是因为她的坚持，而思思之所以能坚持，是因为她的心中有理想。怀着不同的态度对待工作，工作也必然给予我们不同的回报。因此，对待工作一定不要三心二意，更不要对工作抱着可有可无的态度。尤其是对于想获得成功的人而言，就更要积极努力，奋发向上。

人生，总是需要目标作为指引，在很多时候才能做到事半功倍。所以，朋友们，不要觉得工作是人生的附属品，尽管工作的目的是更好地生活，但工作的目的更是为了证明自身存在的价值和意义。记住，你是自己人生的主宰，也是努力工作的唯一驱动者。

不急躁,让人生逆流而上

人在职场,谁不曾摸爬滚打

现代职场上,竞争非常激烈,很多人要想在职场上站稳脚跟,为自己赢得一席之地,就要付出加倍的努力,也要处理好错综复杂的人际关系。只有把工作和人际关系兼顾到,才能在职场中如鱼得水,有更好的发展。当然,对于很多职场新人而言,在职场找到一席之地没有那么容易。

当在职场上遭遇困境时,很多新人都会抱怨,觉得自己已经特别努力,全力以赴,却还是被残酷的职场伤得体无完肤。抱怨有什么用呢?即使与伤害自己的人反目成仇,也毫无益处。人在职场,谁不曾摸爬滚打过,谁不曾无奈地把眼泪吞咽下去,继续在摔倒的地方爬起来砥砺前行?这就是职场的现状,也是每个职场人包括新人和老人都必须接受的现实。需要注意的是,在职场上,人人平等。在一家公司里,也许每个员工的资历不同,但是即使作为新人,只要进入职场,也要把自己与老人同等对待。因为领导不会照顾你年纪小经验少,因此就降低对你的要求。作为职场新人,更不要觉得自己初来乍到,就对自己放松要求。相反,唯有更加高标准严要求对待自己,才能确保自己在职场上尽快站稳脚跟,获得良好的发展。

作为一家公司的秘书,可心的职务听起来很不错,但是实际上,可心每天从事的都是打字的工作。除了给经理端茶倒水购买餐点之外,主要负责打印各种各样的文件。对于这样枯燥乏味的工作,可心渐渐地倦怠了,但是如今工作很难找,她也不知道自己如果辞掉这份工作,还能做些什么。为此,可心就这样骑驴找马,心不在焉地应付工作。结果,她在工作上出现了好几次错误,有一次还把一份合同的小数点打错了,差点儿给公司造成严重的损失。为此,领导找可心严肃谈话。可心意识到自己再这样下去连这一份工作也无法保住,于是她赶紧端正态度,认真工作。

可心为了让工作变得有趣一些,开始有意识地提升自己的打字速度。一开始,可心每分钟只能打五六十个字,还常常因为粗心和心不在焉,降低工作效率。自从为自己制定目标之后,可心开始全神贯注、全力以赴地完成工作,她为自己规定时间,也为自己规定工作的任务,逼着自己在规定的时间里完成固定的工作任务。一开始,懒散惯了的可心无法有效提升自己,随着工作时间的推移,她对于工作完成得越来越好。过了半个月,可心终于达到了自己的目标,每分钟80个字。后来,可心又把目标提高到每分钟100字。进行这样的突破,可心用了一个月的时间。也许速度的提升不是最重要的,最大的好处在于可心渐渐意识到工作的乐趣,也越来越习惯这份工作。

一年多之后,可心已经成为公司里打字最快的人,以拼音录入,一分钟可以达到150字左右,这让很多会五笔的人都自愧不如。在速度提升到极限之后,可心主动尝试为经理写演讲稿等,她的稿件也从简单容易到越来越有难度。为了完成稿件,可心还必须熟悉和了解公司各个方面的情况。三年之后,经理主动把可心晋升为总助理,可心再也不用想被辞退了。

对于原本枯燥乏味的工作,很多人可能都不愿意长期去做。然而,如果选择辞职,正如可心所担心的那样,未必能找到更好的工作,而且未必能马上找到工作。为此,当可心在工作上犯错被领导谈话之后,当即决定改变工作态度,让自己在工作方面有更好的表现。正因为如此,可心才能调整好心态，也让自己在工作方面效率倍增，与此同时，也提高了自身的能力和水平。正如人们常说的，命运总是公平的，付出总会有回报的。改变了工作态度的可心把工作做得更好，也成功赢得经理的认可和赏识，所以升职加薪也就成为理所当然、水到渠成的事情。

从本质上而言，一份工作是给人带来快乐和满足，还是给人带来消沉和沮丧，并不在于这份工作本身。如今是市场经济时代，每一家公司都不会养着闲人，既然如此，也就没有人能够轻轻松松地工作。所以要想成为一个技能过硬、本领超强、稳居高位的职场人，我们就要以真才实学在职场上打拼，也要竭尽全力去把每件事情做到最好。当然，实现这一点的前提就是要端正心态，发自内心地接受一份工作，真心实意地去对待工作，努力把工作做好。当你所从事的工作并非你真正喜欢和感兴趣的，也不要抱怨，因为抱怨只会导致你在工作中陷入更大的困境。只有积极地应对工作，培养自己对于所从事工作的喜爱之情，才能把工作做好。记住，这个世界上没有任何一份工作是完全让人顺心如意的，一味地抱怨工作根本没有任何好处，唯有把工作当成自己的理想和事业，想方设法地从工作中感受到乐趣，才能让工作事半功倍，让自己更加充满兴趣，且工作效率倍增。

对工作认真，也是对人生认真

人的很多态度并不局限于生活的某一个方面，而是会贯穿生活的很多方面。例如，一个人如果做某件事情的时候很认真，那么他在做其他事情的时候都可能非常认真，这是因为他有认真的态度。反之，假如一个人对待生活怀着吊儿郎当的态度，也不能集中精神和意志力去做，那他在做很多事情的时候也会心不在焉，无法全力以赴。

人生在世，最重要的是有责任心。不管是对于生活还是工作，都要有责任心，才能做到更好。在职场上，有一些人因为疏忽酿成大祸，给公司造成巨大损失，这些同样是缺乏责任心的表现。所以企业招聘人才，放在第一位的标准就是要有责任心。对于没有责任心的人，哪怕他能力再强，也无法对企业未来产生更大的价值。唯有有责任心的人，才能最大限度地发挥自身的能力，为公司创造价值，也让自己的未来更加美好和强大。

还需要注意的是，带着责任心去工作，并不是为了迎合老板而刻意在老板面前表现，而是为了对工作有交代，也是为了让自己问心无愧地面对工作。细心的人会发现，在很多职场强人口中，从来听不到抱怨的话。在他们的字典里，唯有责任高于一切的承诺，他们从来不以各种理由推卸责任。尽管生命的快乐在于过程，但是在残酷的职场上，工作的目的却在于结果。很多人只看到成功者的成功，羡慕职场强人的荣耀光环，却不知道这样的光环并非平白无故得来的，而是在无数次辛苦和努力之后，经历了很多委屈、感悟之后，才苦尽甘来的。

所以很多事情都有一个不断积累，从量变到质变的过程。只有付出得多，始终坚持，才会因为积累而做出成就，并且因为成就得到更多的机会。机会从来不是独行侠，它与责任并肩携手，甚至与责任合为一体。因而不要逃避责任。正因为如此，人们常说机会与危机并行，也在于危机之中需要承担更多的责任，肩负起更多的使命。

现代职场中，很多年轻人都感到困惑，因为他们不知道人生的出路在哪里，也不知道自己如何做才能得到更多的机会，创造更多的价值。实际上，他们的目标在错误的观念之下很难实现，只有端正工作态度，才能变得简单。当你情不自禁地想要逃避责任的时候，当你在危急时刻只想逃之夭夭的时候，不妨扪心自问：我配得上更好的机会吗？我为何不能勇敢地承担责任呢？很多企业里，之所以愿意聘用应届大学毕业生，是因为这些企业并不畏惧年轻人因为缺乏经验而给公司带来损失。正如人们常说的，犯错误不可怕，可怕的是在犯错之后不能反思自己，不能勇敢地承担责任，这才是最糟糕的。对于那些能够不断成长的年轻人，公司愿意给他们付出学费，从而让他们持续地成长起来，最终独当一面。

小娜在一家贸易公司工作。这家公司主要从事进出口贸易，因而时常要与外国人打交道。因为大学期间小娜英语过了六级，所以在工作中，每当有用得到英语的地方，小娜都能顶上，也因此她成为老板很器重和倚赖的人。

随着业务的扩大，公司也开始与韩国人打交道。因为新业务的拓展，老板不得不聘请了一个韩语翻译。小娜意识到机会在向她招手，为此她当即报名参加韩语培训班，开始学习韩语。

短短半年时间里，小娜的韩语已经说得非常熟练，不仅如此她还参加了韩语商务语言的培训，锻炼商务口语的能力。一年之后，公司原本聘用的韩语翻译因为怀孕生子，辞掉工作，老板一下子抓瞎了，不知道该去哪里再找一个熟练的韩语翻译，而且要对公司的业务也非常熟悉。这个时候，小娜自告奋勇负责与韩国客户联系，听到小娜一口流利的韩语，老板简直震惊了。他问："小娜，我只知道你英语非常好，不知道你韩语也这么棒啊！早知道，我就不用请那个韩语翻译了。"

小娜笑着说："老板，你请韩语翻译可没浪费，正因为你请了韩语翻译，我才有一年的时间去学习啊！"当即，老板就宣布报销小娜学习韩语的学费，还在开会的时候当着全体员工的面表扬小娜是个细心、专业、专注的人，也鼓励大家都向小娜学习，保持积极学习的状态，与时俱进。

后来，因为小娜在公司里有着不可或缺的地位，老板直接把小娜提升为副总，这样一来，小娜就可以负责对外业务，并在老板去国外考察的时候跟随老板一起去考察,事业更上了一层楼。

现实工作中,很多人都怀着当一天和尚撞一天钟的态度对待工作,虽然能把分内的工作完成,但是对于分外的工作却完全持消极怠工的态度。实际上,工作根本没有分内和分外之分,所谓能者多劳,能干的人在把工作做好的同时,也能够为自己争取到更多表现和发展的机会。否则,如果总是以不吃亏为思想避免多干活儿,也就在无形中剥夺了自己表现的机会,更错失了很多发展自我的好机会。记住,力气是用不完的,在工作中多做一些,对于每个人的发展而言,只有好处,没有任何坏处。人人都要以最大力度激发出自身的力量,从而与时俱进,也只有主动学习,主动提升自己,才能在好机会到来的时候当机立断抓住机会,证明自己的实力。

很多时候,机会都是隐藏着的。只有了解责任与机会之间的关系,才能正确对待责任,也才能真正把握机会。人在职场,一定不要养成抱怨的坏习惯,因为一味地抱怨只会让事情更加糟糕。只有无怨无悔地工作,把握住机会,我们才能创造美好的未来,给自己创造更多成长的可能性。记住,机会从来不会从天而降,成功也不会一蹴而就,每个人唯有勇敢地承担起责任,拼尽全力去付出和努力,才能得到生命的馈赠,才能在人生的道路上坚定不移地砥砺前行。

从职业的角度而言,认真负责也是难得的职业素养。一个人要想在职场有所发展,理所应当具备这种优秀的职业素养,从而让自己脱颖而出。记住,不管你此刻正在从事的工作是什么,既然已经开始,你就要全力以赴去拼搏。一个人如果总是好高骛远,这山看着那山高,永远也无法获得成功。只有脚踏实地,认认真真把每件事情都做好,才能最大限度地激发出生命的潜能,把工作做到极致。

不急躁,让人生逆流而上

 ## 一生太短,只够做好一件事

你认真考虑过工作的出路在哪里吗?你明确过自己想要怎样的人生吗?如果没有,那你就要认真地问一问自己,是否对于人生有明确目标,是否已经确立了人生的理想?如果没有,就相当于船只在漫无边际的大海上航行,完全没有罗盘和指南针的指引,最终必然杳无踪迹。人生一定要有方向的指引。除了方向之外,还应该区分轻重缓急,找到重点。很多人一生中都会犯一个错误,即总是贪多求胜。殊不知,人的时间和精力都是有限的,如果总是盲目地为自己定下过多的目标,则会导致精力分散,很难有所成就。这就像是在战场上一样,如果一方要想攻占另一方的阵地,就要集中火力打击另一方薄弱的环节,这样才有可能获得成功。如果把兵力分散,则最终的结局一定是失败。

人生是短暂的,短得只够把一件事情做好就很不错了。所以不要贪多求胜,而是要把心沉静下来,脚踏实地、全力以赴地做好一件事情,再去做另外一件事情也完全来得及。这与现代流行的职场竞争策略——发展核心竞争力,有着异曲同工之妙。一个人如果是面面俱到的全才,很难让自己一鸣惊人、一飞冲天。唯有集中精力发展某一个方面的独特能力,才能让自己从原本的平庸变得与众不同。唯有如此,才能有效地抓住成功的奇迹,给生命提供更多的机会。

小妞最喜欢吃爷爷做的热干面。爷爷是一个做热干面的老手,他有一

九、人在职场，既要杀鸡，也要有"牛刀"

个档口，每天早晨都要做上千碗热干面给周围的邻居们当早饭。很多人都是吃着爷爷的热干面长大的，其中有些人不但有了孩子，还有了孙子。也因此，大家都认识小妞。每当有人喊小妞的名字，小妞就很骄傲，因为她知道那一定是爷爷的老顾客。

大学毕业后，小妞在大公司找了一份工作，每天都光鲜亮丽地出入写字楼之间。然而，工作没多久，小妞就感到了厌倦。小妞是前台文员，每天都要接待各种各样的人，也要应付形形色色的推销人员。小妞突发奇想，想要学习韩语，去韩国工作。小妞向爷爷征求意见，爷爷说："妞啊，咱们是中国人，在中国都工作不好，到了韩国就一定能好吗？做人要有定力，一生的时间说长也长，说短也短，不要总是三心二意。如果你真的喜欢韩语，爷爷当然支持你。如果你只是因为现在工作不如意，就要改学韩语，那么爷爷觉得你还不如集中精力，把工作做得更好呢！凡事都在于精，而不要蜻蜓点水。就像爷爷这一碗面，为什么很多人百吃不腻呢？其实这碗面做起来很简单，但是要想做出老味道，却很难。"爷爷的话让小妞陷入沉思。思来想去，小妞决定提升自己的专业技能，这样的话，从前台文秘做到老板的总助理、公司的行政老总，也未必不可能吧！

爷爷说得对，凡事都要做到最精，才能有所成就，如果总是蜻蜓点水，看起来懂得很多方面的技能，却会使事情的发展与我们最初的期盼背道而驰。可见，任何人的成功都离不开点滴的积累。

人在职场，也许有很多人都对自己现在从事的工作不满意，总有些人会感到疲惫，也会觉得心力交瘁，甚至会对自己的人生完全失望。在这种情况下，与其等待命运的波浪把人湮灭，不如主动出击，努力地掌控人生，争取到更多的机会去获取成功。人生最怕的就是这山看着那山高，当梦想不停地更换，理想接二连三地幻灭，人生的宝贵时光也会悄然流逝。正如大文豪鲁迅先生所说"时间就像海绵里的水，挤一挤总还是有的"。

时间也是组成生命的材料,浪费时间无异于浪费生命。所以我们一定要抓住有限的时间,完成生命的伟大志向,让人生变得更加充实和精彩。

职场如战场,要用牛刀杀鸡

现代社会生存压力越来越大,职场的竞争日益激烈,要想在职场上有好的发展,只有文凭是远远不够的,还要有能力,有真实的水平,这样才能站稳脚跟,为自己赢得立足之地。从这个意义上来说,职场如同战场,虽然没有硝烟,也是在持续进行着战争。因而每个人都要打起十二分精神,才能应付瞬息万变的情况。

当然,既然是战场,就要为了胜利做足准备。人在职场,不要总是浑浑噩噩,对于职业的发展丝毫没有规划。要做好准备,还要制订周密的计划,这样才能抓住千载难逢的好机会。现实生活中,有些人总是以为命运不公,才导致他们在职场上举步维艰,其实不然。还有些人对于职场的险恶没有明确的认识,因而对待人生怀着漫不经心的态度,这也是导致职场被动的原因。

民间有句俗话,叫"杀鸡焉用宰牛刀"。的确,如果真的去杀鸡,是无须使用牛刀的。但是如果杀的不是鸡,或者这一次杀的是鸡,下一次也许就是猪马羊牛,那么就要准备牛刀,也可以以备不时之需。当只能拿着一把刀的时候,那就选择牛刀,因为牛刀既可以杀牛,也可以杀鸡,比只拿着杀鸡的刀去杀牛,更加万无一失。

常言道,"千里马常有,伯乐不常有",这就告诉我们即使你真的有才华，也不要被动地等着伯乐。唯有让自己拥有更多的资本，才能卓有成效地施展才华，表现自己。在很多人才都抱怨找不到好工作的时候，也有很多企业在抱怨为何优秀的人才越来越少。企业任何时候都缺人，缺少经营，缺少真正的工匠精神。细心的人会发现，很多优秀的人才并非生而优秀，甚至从名牌大学毕业的人都是缺乏经验的菜鸟。所以千万不要轻视工作，更不要觉得自己被大材小用。与其拿着杀鸡的刀去杀牛，不如拿着杀牛的刀去杀鸡，这样才能游刃有余。

大学毕业后，小米和小叶结伴找工作。因为学的是酒店管理，也因为在金融危机的影响下，大多数酒店都经营惨淡，所以她们好不容易才应聘进入一家酒店。然而，酒店里只需要一个前台，还需要一个清洁工。原本经理想让形象更好、更加机灵的小米留在前台工作，而让小叶去后勤部搞清洁。得知经理的安排，小叶非常排斥，当即表示如果必须去当清洁工，她就宁愿拒绝这次工作机会。看到小叶的态度这么坚决，又看到经理很为难，小米主动请缨："经理，我愿意去后勤部当清洁工。都是工作，在哪里都一样，小米的性格更加活泼开朗，比我更适合在前台。"正好经理也不想让小叶离开，所以就答应了小米的请求。

此后的日子里，小叶在前台工作很清闲，每天都生活得很惬意。而小米呢，初来乍到清洁部，从未做过这么多辛苦工作，很不适应。但是她没有抱怨，而是一直在努力把每件事情都做到最好。渐渐地，小米服务过的很多顾客给她写表扬信，说小米负责的房间非常干净，也是他们住过的最好房间。为了给酒店创造效益，留下更多的老顾客，小米还自掏腰包从开花店的表姐那里订购了一些玫瑰花，每天都会给自己负责的房间里插上一朵娇艳的红玫瑰，或者是一朵金黄的雏菊。因为工作表现非常出色，小米很快就被提升为后勤部主管，经过几年的努力，还成为酒店的大堂经理。面对小米的出色表现，经理不止一次鼓励小米："好好干，等到有机会，我就提拔你当副总。"小米听后,更加干劲十足。

俗话说,三百六十行,行行出状元。对于小米而言,她对待工作的态度是她成功的关键。因为她工作做得好,才得到了顾客的称赞。对于每个人而言,成功都不是一蹴而就的。勤奋用心的小米,在后勤的清洁保障工作方面付出了极大的努力,因而才能最大限度地展示自己,以出色的工作能力从诸多平庸的同事之间脱颖而出。

人在职场,当然都想在轻松的工作岗位上工作,但是这个世界上没有天上掉馅饼的好事,更没有人能不劳而获就获得成功。当我们用牛刀漂亮地杀好每一只鸡,那么我们的职业生涯就会发展顺利,也必然在职场上做出更大的成就。

职场之轻是生命不能承受之重

职场之轻是什么?是对待工作三心二意的态度,还是对于未来从不确定的方向,抑或是得到与付出之间不成正比?对于这个问题,每个人都有自己的理解和感悟,就像对于人生每个人的感受截然不同一样。前文说过,工作的目的之一是为了更好地生活,但是生活绝不仅仅是工作唯一的目的。当工作能够养活自己,我们也要有意识地加大工作的分量,从而借助工作实现人生的价值和目标。否则,职场之轻就会成为生命不能承受之重了。

在《生命不能承受之轻》一书中,米兰·昆德拉为人们讲述了一个故

九、人在职场，既要杀鸡，也要有"牛刀"

事：诸多大臣用力地抛掷鸡毛，都没能把鸡毛扔到高墙那边。然而，有一个大臣拿到鸡毛之后，并没有使出蛮力，而是轻轻松松地把整只鸡都扔过高墙。正当大家瞠目结舌的时候，他说："为何非要扔掉一根鸡毛呢？把整只鸡都扔到高墙那边，我岂不是把很多鸡毛都扔过去了吗？当然，需要扔的那根鸡毛也在其中。"这部小说给人营造了一个荒诞离奇的世界，彻底颠覆了人们在日常生活中都以重为重，而以轻为不值一提的错误观念。这部小说也告诉我们，轻很重要，只有把握好轻，才能处理好很多重要的问题。人在职场也是如此，对于那些看似微小的、轻飘飘的问题，如果我们不能端正心态将其处理好，那么日久天长，我们自欺欺人地活在安逸的世界里，很容易就会被那些不起眼的问题困扰，导致整个职业生涯的发展受到影响。

嘉禾和林峰是校友，他们凭着过硬的文凭，也凭着高强的能力，都顺利地应聘进入一家世界五百强公司。进入公司之后，嘉禾对于自己的职位和薪资都很满意，比起那些进入小公司或者还奔波在找工作路上的同学，他领先一步。为此，嘉禾过起了朝九晚五、按部就班的职场生活，日子过得很滋润。

和嘉禾恰恰相反，自从进入公司，林峰看到同事们个个都有一技之长，不可小觑，反而变得更紧张。他在拿到第一个月的薪水后就去报名参加了一项技能的培训班，后来随着技能越来越多，林峰又开始进行学历提升。对于林峰的表现，嘉禾总是说林峰杞人忧天，当林峰劝嘉禾也抓紧时间提升时，嘉禾不屑一顾。就这样，三年过去，林峰因为工作表现出色，学历过硬，在公司的内部竞聘中脱颖而出，被提升为主管，而嘉禾呢，始终原地踏步，早已经被很多同事远远甩下，并且在合同到期之后被辞退。这个时候，嘉禾才后悔莫及，可惜为时已晚。看着在工作上表现突出、前途似锦的林峰，他只希望时光能够倒流，那么他一定会和林峰一样努力上进。

　　嘉禾和林峰拥有同样的起点，他们毕业于同一所学校，同时进入公司，担任相似的职务。为何三年过去，他们有着不一样的前途和命运呢？就因为嘉禾的三年轻飘飘地度过了，而林峰的三年却过得沉重而充实。常言道，一分耕耘，一分收获。有的时候，耕耘了未必有收获，但是反过来说，如果不曾耕耘，则完全没有收获。作为现代职场人，我们一定要调整好心态，把握先机，占据主动，把每一件事情都未雨绸缪地做好。

　　现代职场，尽管大多数用人单位都是一个萝卜一个坑，不养闲人，但是依然有很多人在岗位上混日子。当然，这里所说的混不是无所事事，而是在完成所谓的"分内之事"后，就再也不思进取，不求上进。实际上，职场上的分内之事和分外之事并没有明确的区分，每个人最重要的就是提升自己的信心，坚定自己的信念，这样才能最大限度地挖掘自身的潜能力量，在做好该做的事情之余，也拼尽全力做好其他事情。要相信，你的每一分付出都会被领导看在眼里，如果你的努力还没有得到回报，那说明你努力的程度还不够。

　　常言道，逆水行舟，不进则退。不仅生活如此，职场更是如此。在职场中，要想保持进步的姿态，就要始终负重前行，而不要因为过于轻松惬意的日子就完全忘却了自己的希望和理想。此外，现代社会并不适合陶渊明式的世外桃源理想，尤其在竞争激烈的职场上，除非你辞掉工作，去过"采菊东篱下，悠然见南山"的世外生活，否则人在职场，总是身不由己的，不要以悠闲的状态去工作。

　　记住，别让"轻"成为生命不可承受之重！

让自己成为职场上不可替代的人

心理学上，有一个理论叫作"木桶理论"。木桶理论告诉我们，一个木桶如果短板很短，那么即使长板再长，也无法容纳很多水，因为木桶的短板限制了这个木桶的容量。为此，心理学家提出要提升木桶的容量，就要想方设法增长短板。如果把这个理论运用于人，应该注意哪些呢？当短板太短，已经严重影响人们正常水平的发挥时，就要弥补短板。反之，如果短板的存在并不影响我们发展自身优势，那么在这个凡事都讲究效率的时代里，最重要的是发展长处，从而让自己拥有核心竞争力，出类拔萃。否则，一个人即使弥补了短板，而没有拿得出手的特殊技能，或者没有任何人也不能替代的长处和优点，依然无法在竞争激烈的职场上站稳脚跟。

人在职场，总是要面对很多压力，也要接受很多挑战。为了在职场上稳定住，为自己赢得一席之地，我们一定要认清形势，也要客观公正地评价自己，看看自己是否有实力创造更大的辉煌。比如要有核心竞争力。

所谓核心竞争力，就是一个人区别于他人的独特能力，这种能力使人变得不可替代，也能够稳固人们的地位。只有拥有核心竞争力的人，才有筹码与公司的负责人谈判，为自己赢得更多的报酬和更高的地位。只有拥有核心竞争力的人，才能让自己变得不可替代。很多时候，不是人才追着好工作，而是好工作追着人才。有才华的人无论走到哪里都是引人瞩目的焦点，都是各家用人单位求之不得的红人。从这个意义而言，一个人的身份地位如何，并不取决于外界，而是取决于他对自己的经营和定位。用实力为自己代言的人，总是可以最大限度地激发出自身的力量，让一切都变得卓有成效。

在公司里，提起勤勤，大家总是由衷地竖起大拇指。原来，公司是专门做学龄儿童的教育培训的，勤勤虽然刚刚大学毕业，按理说不了解父母的心理，但是勤勤有同理心，很擅长和形形色色的父母聊天，也总是能把话说到这些人的心里去。正因为如此，勤勤工作没多久，就以优秀的业绩进入了公司排行榜。

勤勤还有一个身份，那就是心理咨询师。勤勤在大学是心理学专业，还考取了心理咨询师的证书。又因为在培训机构里经常与孩子们打交道，所以勤勤特意自修了儿童心理学，在推销公司各种课程的同时，勤勤还可以对经她的手报名的孩子进行免费心理咨询。仅仅这一项优势，就让其他销售课程的老师根本没有可比性。渐渐地，勤勤成为销售主管，开始从事管理工作，也正式开办心理课程，成为公司里的首席心理咨询师。

人在职场，一定要善于培养和挖掘自身的优势，这样才能把自己与他人区别开来，让自己在工作中有更好的表现。记住，好的职位绝不是轻易得到的，尤其是对于大学毕业生而言，刚刚走出校门，也许文凭很高，但是经验却欠缺。为此，一定要有优势，才能让自己区别于他人，让自己在职业生涯中得到更好的发展和成长。

需要注意的是，人在职场，职位也许有高低，但是努力的起跑线都是一样的。面对那些学历比我们高，经验比我们多，能力也比我们强的人，不要妄自菲薄，也不要过分地谦虚低调。在职场上，不管是妄自菲薄，还是妄自尊大，都会导致我们失去很多千载难逢的好机会。唯有不卑不亢，扬起自信的风帆，勇敢地面对人生，才能得到最好的效果。

朋友们，如果你们对现在的自己不满意，那么一定要当机立断发展核心竞争力，让自己变得不可替代！

后 记

  人人都有梦想，有的人实现了梦想，有的人却无法实现梦想。心理学家经过研究发现，除了那些天才之外，每个人的智商都相差无几。那么，为何有的人能够获得成功，有的人却总是与失败纠缠不休，郁郁不得志呢？归根结底，是因为人们后天对于坎坷、挫折、磨难、打击的态度不同。

  世界是不公平的，人生是有起跑线的，很多人出生时起点就很低，哪怕用尽一生去努力，也不可能达到他人出生时的高度。的确，这是命运的第一个不公，不管你是否抱怨，你会发现在接下来的人生中，还会有很多这样的不公。

  也有很多朋友会感到沮丧，命运真的是一个不折不扣的顽童，常常捉弄人们，让人觉得人生绝望透顶。可是越是在这样的时刻，我们越是应该坚定不移，勇往直前，在梦想的指引下，拼尽全力去实现理想和梦想，创造人生的辉煌。

  记住，你的人生是完全属于自己，也完全根据你的创作呈现出来的。你可以给人生涂抹上鲜艳绚丽的颜色，让人生拥有更多的可能和未来，也可以吝惜笔墨，只给人生黑白二色，这完全取决于你。不管怎么样，梦想总是要有的，万一实现了呢！就让我们为了这万一的概率，付出一万倍的努力吧！